位相幾何入門

小 宮 克 弘 著

裳 華 房

Introduction to Topology

by

Katsuhiro Komiya

SHOKABO
TOKYO

はじめに

本書は位相幾何あるいはトポロジーと呼ばれる分野の入門書である．大学初年級での集合と位相に引き続いて，位相幾何を学ぶ際の教科書あるいは自習書として執筆した．集合と位相の他には線形代数や群論に関する少しばかりの予備知識があれば十分である．

ひとくちに位相幾何といっても，その対象となる領域は広範であり，入門のための入り口も一通りではないが，本書ではホモロジー論とその応用に的を絞ることにした．ホモロジー論は位相幾何の中で最も基本的な研究手法の1つであり，また位相幾何の歴史からみても入門書の題材として取り上げることは自然であり，適当であると考えたからである．入門書であるから，無味乾燥な理論の解説になることを避け，なるべく低い次元に具体例を求め，図を多用することにした．

閉曲面と呼ばれる2次元の図形がある．球面やトーラス，あるいは射影平面，クラインの壺などがそれである．これ以外にはどんなものがあるであろうか？　本書はすべての閉曲面を同相という同値関係によって分類することを目標にする．このためにホモロジー論を援用する．それにはもちろんホモロジー論の何たるかを学ばねばならない．ホモロジー論の解説は閉曲面の分類への応用を意図してなされる．ホモロジー論を単に観念的な理論としてのみ学ぶのではなくて，その応用を意識しながら学び，そして実際にその応用がなされることによってホモロジー論が具現的理論となり，読者の理解も深まるのではないかと考えた．

小説は予め設定された結末と流れに沿って話が進んでいくが，数学書はややもすれば定義と定理の羅列に終始し，流れがあったとしてもそれは途中でいくつもの支流に枝分かれしがちである．一本の確かな流れを意識できないままで，一冊の本を読み切ることは大変な苦行である．それはちょうど各項目の解説が並べられただけの百科事典を最初から最後まで読み通すことに似ている．結末（すなわち目標）が設定され，それに向けての流れがあれば，読者の心理的な負担も軽減されるであろう．このような思いから本書では，目標とそれに到る流れを読者にはっきりと意識させるように努めた．

複体のホモロジー群の位相不変性，すなわち複体 K と K' がともに同じ多面体の単体分割であれば，$H_p(K) \cong H_p(K')$ となる性質によって多面体のホモロジー群が定義されるが，本書においてはいくつかの理由によってこの位相不変性の証明は割愛した（§10）．1つはこの証明およびそのための準備をすることによって，閉曲面の分類という目標へ向けての流れがいくつかの節 (§) で中断もしくは枝分かれすることを恐れたからである．もう1つの理由は限られた紙数の中でなるべく早く応用へ進みたかったこともある．完全無欠に証明を与えることによって，単に著者自身が専門家的な自己満足にひたるよりも，ホモロジー論の応用によって読者にその有用性を示すことを優先させた．もし，位相不変性の証明に興味のある読者は，例えば 田村一郎著「トポロジー」(岩波書店，1972) や小林貞一著「トポロジー」(近代科学社，1987) などを参照されるとよい．

「この本の読者は“位相空間”という言葉を既に知っているはずである」という書き出しで第1節が始まるが，このように本書においては「読者」という言葉を30回以上も使った．これは著者が常に読者を意識し，読者のレベルでの説明を心掛けたかったからである．

各節には修得確認のために問や練習問題を設けてある．それらに対する解は巻末の「問題の略解とヒント」でできるだけ丁寧に記述するようにしてあるが，読者が容易にその解を導けると思われるものは省略した．

本書の執筆は山形大学教授・内田伏一先生にお勧めをいただいた．先生はこれまで多くの良書を執筆されているが，先生からの助言や注意は本書に少なからぬ改善をもたらした．また，上にあげた田村著と小林著の2書は本書の執筆にあたり随時参照した．これらの影響が見られる部分もあるであろう．

本書では80枚近くの図を用いたが，これらはすべて山口大学大学院生・山下雅人君がコンピュータによって作成してくれた原図にもとづくものである．また，裳華房編集部の細木周治氏には編集上の助言をいただいた．

これらの方々の協力を得て，本書はやっと発刊の暁を迎えることができた．最後になったがここに記して，御礼と感謝を申し上げる次第である．

2001年9月

著　　者

目　　次

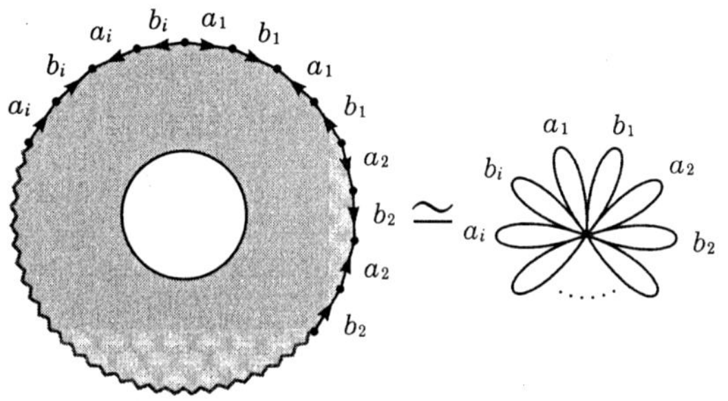

a_i
b_i
a_i
b_i
a_1
b_1
a_1
b_1
a_2
b_2
a_2
b_2
$\simeq$
a_1
b_1
b_i
a_2
a_i
b_2

§ 1.　位相空間と連続写像

この本の読者は“位相空間”という言葉を既に知っているはずである．そしてユークリッド空間 $\boldsymbol{R}^n$ は位相空間の原型となる典型的な例であることも知っているに違いない．けれどもこの節では一応，念のために位相空間の定義や基本的な事項を復習しよう．

X を集合とする．$\mathcal{O}$ を X の部分集合の集合とし，これが次の (i), (ii), (iii) の条件をみたすとする：

（i）　X および空集合 $\emptyset$ は $\mathcal{O}$ に属する，すなわち $X \in \mathcal{O}$，$\emptyset \in \mathcal{O}$．

（ii）　$\mathcal{O}$ に属する有限個の O_i（$1 \leq i \leq k$）に対して　$\bigcap_{i=1}^{k} O_i \in \mathcal{O}$．

（iii）　$\mathcal{O}$ に属する任意個の（有限個とは限らない）O_λ（$\lambda \in \Lambda$）に対して　$\bigcup_{\lambda \in \Lambda} O_\lambda \in \mathcal{O}$．

このとき，$\mathcal{O}$ を X の**位相**あるいは**開集合系**といい，X と $\mathcal{O}$ との対(つい) $(X, \mathcal{O})$ を**位相空間**という．$\mathcal{O}$ に属する集合をこの位相空間の**開集合**といい，開集合の補集合を**閉集合**という．

極端な例であるが，$\mathcal{O}_1$ を X と $\emptyset$ のみよりなる集合，すなわち，$\mathcal{O}_1 = \{X, \emptyset\}$，$\mathcal{O}_2$ を X のすべての部分集合よりなる集合とすれば，$\mathcal{O}_1$ も $\mathcal{O}_2$ もともに X の位相となり，$(X, \mathcal{O}_1)$ および $(X, \mathcal{O}_2)$ は位相空間である．このように１つの集合に対して，それを位相空間とみる見方は１通りではない．したがって厳密には位相空間は X と $\mathcal{O}$ の対で表さなければならないが，位相 $\mathcal{O}$ をとくに明記する必要のない場合や，位相 $\mathcal{O}$ が前後の脈絡から特定できる場合は位相 $\mathcal{O}$ を省略して，X のみで位相空間を表すことにする．

位相空間 X の点 x とそれを含む部分集合 A に対して，$x \in O \subset A$ となる開集合 O が存在するとき，A は x の**近傍**と呼ばれる．したがって A が開集合であれば，任意の $x \in A$ に対して，A は x の近傍である．

$(X, \mathcal{O})$ を位相空間とし，A を X の部分集合とする．このとき，

$$\mathcal{O}_A = \{ O \cap A \mid O \in \mathcal{O} \}$$

は A の部分集合の集合で，位相の条件 (i), (ii), (iii) をみたす．したがって $(A, \mathcal{O}_A)$ は位相空間である．これを $(X, \mathcal{O})$ の**部分空間**という．$\mathcal{O}_A$ を $\mathcal{O}$ の**相対位相**という．

実数の全体 $\boldsymbol{R}$ の n 個の直積 $\boldsymbol{R}^n = \boldsymbol{R} \times \boldsymbol{R} \times \cdots \times \boldsymbol{R}$ について考える．$\boldsymbol{R}^n$ の 2 点 $x = (x_1, x_2, \cdots, x_n)$，$y = (y_1, y_2, \cdots, y_n)$ に対して，

$$d(x, y) = \sqrt{(x_1 - y_1)^2 + (x_2 - y_2)^2 + \cdots + (x_n - y_n)^2}$$

と定義する．この $d(x, y)$ を x と y の**距離**という．このような距離が与えられた $\boldsymbol{R}^n$ を n 次元**ユークリッド空間**という．

任意の正数 $\varepsilon > 0$ と任意の $x \in \boldsymbol{R}^n$ に対し，

$$U_x(\varepsilon) = \{ y \in \boldsymbol{R}^n \mid d(x, y) < \varepsilon \}$$

と定める．このような $U_x(\varepsilon)$ の和集合として表される $\boldsymbol{R}^n$ の部分集合の全体を $\mathcal{O}$ とする．この $\mathcal{O}$ は位相の条件 (i), (ii), (iii) をみたす．これにより $\boldsymbol{R}^n$ は位相空間となる．

問 1.1 上の $\mathcal{O}$ が位相の条件をみたすことを示せ．

$\boldsymbol{R}^{n+1}$ の部分集合

$$S^n = \{ (x_1, x_2, \cdots, x_{n+1}) \in \boldsymbol{R}^{n+1} \mid x_1^2 + x_2^2 + \cdots + x_{n+1}^2 = 1 \}$$

に相対位相を与えて位相空間と考えるとき，これを n 次元**球面**という．0 次元球面 S^0 は 2 点，1 次元球面 S^1 はいわゆる円周，2 次元球面 S^2 が日常的な意味での球面である (図 1.1)．

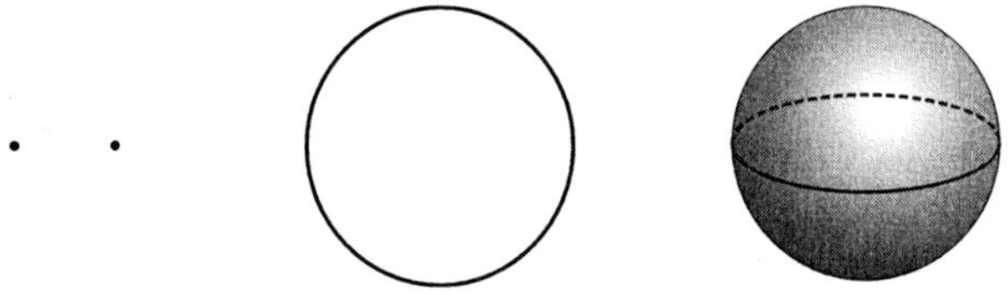

S^0 S^1 S^2

図 1.1

$(X_1, \mathcal{O}_1)$，$(X_2, \mathcal{O}_2)$ を 2 つの位相空間とする．X_1 と X_2 の直積 $X_1 \times X_2$ に次のような標準的な方法で位相を与えることができる．まず

$$\mathcal{O}_1 \times \mathcal{O}_2 = \{\, U \times V \mid U \in \mathcal{O}_1,\ V \in \mathcal{O}_2 \}$$

を考える．これは $X_1 \times X_2$ の部分集合の集合である．$\mathcal{O}_1 \times \mathcal{O}_2$ に属する集合の和集合として表される集合の全体を $\mathcal{O}_1 \natural \mathcal{O}_2$ とすれば，これは位相の条件 (i), (ii), (iii) をみたす．

問 1.2　$\mathcal{O}_1 \natural \mathcal{O}_2$ が位相の条件をみたすことを示せ．

これより $(X_1 \times X_2, \mathcal{O}_1 \natural \mathcal{O}_2)$ は位相空間となる．これを $(X_1, \mathcal{O}_1)$ と $(X_2, \mathcal{O}_2)$ の**積空間**といい，$\mathcal{O}_1 \natural \mathcal{O}_2$ を $\mathcal{O}_1$ と $\mathcal{O}_2$ の**積位相**という．

2 つの 1 次元球面 S^1 の積空間

$$T^2 = S^1 \times S^1$$

を**トーラス**という（図 1.2）．

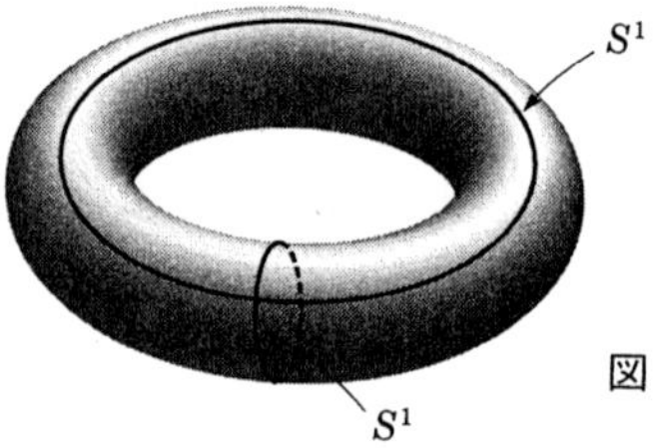

図 1.2

A を位相空間 X の部分集合とし，X の開集合の集合 $\mathcal{U} = \{\, U_\gamma \mid \gamma \in \Gamma \}$ が

$$A \subset \bigcup_{\gamma \in \Gamma} U_\gamma$$

をみたすとき，$\mathcal{U}$ は A の**開被覆**と呼ばれる．ここで Γ は有限集合でも無限集合でもよい．A のどんな開被覆 $\mathcal{U} = \{\, U_\gamma \mid \gamma \in \Gamma \}$ に対しても，その中の有限個の開集合 $U_{\gamma_1}, U_{\gamma_2}, \cdots, U_{\gamma_k} \in \mathcal{U}$ だけで

$$A \subset U_{\gamma_1} \cup U_{\gamma_2} \cup \cdots \cup U_{\gamma_k}$$

とできるとき，A は**コンパクト**であるという．

位相空間 X の任意の 2 点 $x, y \in X$ $(x \neq y)$ が開集合で分離されるとき，すなわち，

$$x \in U,\ \ y \in V, \qquad U \cap V = \emptyset$$

をみたす開集合 U, V が存在するとき，X は**ハウスドルフ**（Hausdorff）であるという．したがってハウスドルフでない位相空間には，異なる2点でも開集合で分離できない場合があるわけであるから，これは非常に奇妙な空間である．しかし本書で取り扱う具体的な位相空間はすべてハウスドルフであるから，読者は安心してよい．

問 1.3 位相空間 X がハウスドルフであれば，その部分空間もすべてハウスドルフであることを示せ．

2つの位相空間 X と Y の間の写像 $f: X \to Y$ が**連続写像**であるとは，Y の任意の開集合 O に対して，$f^{-1}(O)$ が X の開集合であるときにいう．X の恒等写像を $\mathrm{id}_X: X \to X$ と表す．明らかにこれは連続写像である．連続写像 $f: X \to Y$ および $g: Y \to X$ があって，$f \circ g = \mathrm{id}_Y$，$g \circ f = \mathrm{id}_X$ をみたすとき，f および g を**同相写像**という．X と Y の間に同相写像が存在するとき，X と Y は**同相**であるといい，$X \approx Y$ と表す．

例 1.1 $\boldsymbol{R}^n$ の部分空間 E^n と D^n を次のように定義する：

$$E^n = \{ (x_1, x_2, \cdots, x_n) \in \boldsymbol{R}^n \mid |x_i| \leq 1 \ (1 \leq i \leq n) \},$$

$$D^n = \{ (x_1, x_2, \cdots, x_n) \in \boldsymbol{R}^n \mid x_1^2 + x_2^2 + \cdots + x_n^2 \leq 1 \}.$$

D^n は n 次元**円板**と呼ばれる．E^n と D^n は同相である．なぜならば，同相写像 $f: E^n \to D^n$ が次のようにして定義される．任意の $x = (x_1, x_2, \cdots, x_n) \in E^n$ に対して，$\|x\| = \sqrt{x_1^2 + x_2^2 + \cdots + x_n^2}$ とし，n 個の絶対値 $|x_i|$ の最大値を $m(x)$ とする，すなわち

$$m(x) = \max\{ |x_i| \mid 1 \leq i \leq n \}.$$

そして

$$f(x) = \begin{cases} m(x)\,x/\|x\| & (x \neq \mathbf{o} \text{ のとき}), \\ \mathbf{o} & (x = \mathbf{o} \text{ のとき}) \end{cases}$$

と定めればよい．ここに $\mathbf{o} = (0, 0, \cdots, 0)$ である．

（次頁に続く）

問 1.4 この $f(x)$ に対して，$f(x) \in D^n$ であることを示せ．さらに f は同相写像であることを示せ．

このとき $f: E^n \to D^n$ は原点 $\mathbf{o}$ から放射状に伸びる線分の長さを適当に縮める写像である(図1.3). このようにして E^n と D^n は同相, すなわち $E^n \approx D^n$ であることがわかる. ◇

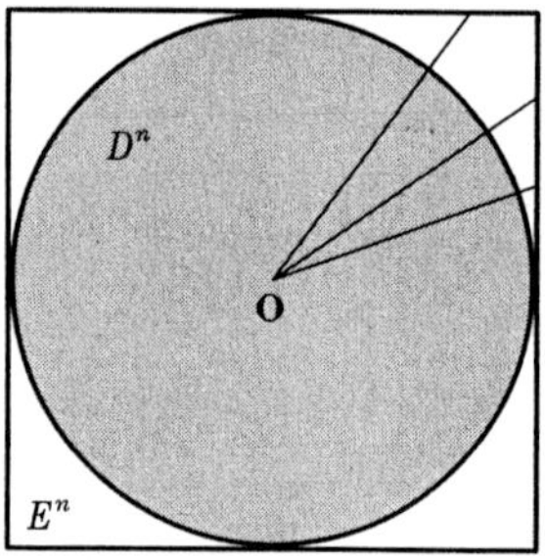

図1.3

標語的ないい方をすれば,「位相幾何は同相な位相空間の間に共通した幾何的性質を研究する学問である」. したがって X と Y が同相であれば, これらを区別する必要はなく, 同一視して考えてよい. このようなことにより $X \approx Y$ のとき $X = Y$ と書くことも多い. X と Y の間の同相写像をとくに意識するときのみ, $X \approx Y$ と書くことにする.

n 次元球面 S^n は $\boldsymbol{R}^{n+1}$ において原点からの距離が1である点よりなる部分空間として定義されたが, これと同相な位相空間はすべて n 次元球面と呼ぶのが位相幾何の立場であるから, 中心となる点が原点である必要はないし, 半径が1である必要もない. 表面に凸凹があってもよい. 図1.4の (i), (ii), (iii) は互いに同相であるから, いずれも2次元球面 S^2 である.

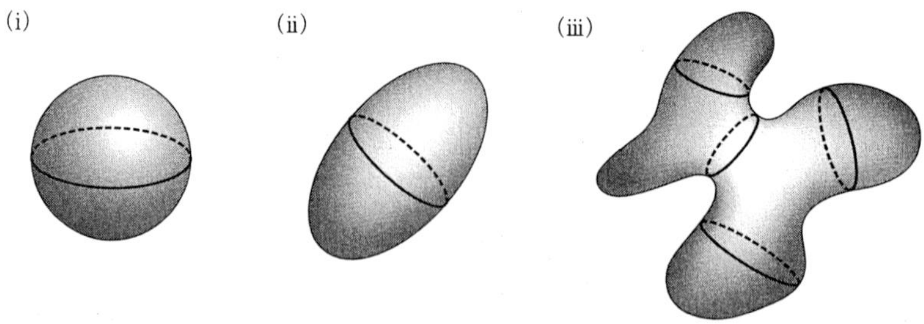

図1.4

$f: X \to Y$ を位相空間 X から位相空間 Y への連続写像とする．f による像 $f(X)$ に相対位相を与えて，Y の部分空間と考え，f を X から $f(X)$ への写像 $f: X \to f(X)$ と考える．この f も連続写像である．

問 1.5 このことを示せ．

さらにこの $f: X \to f(X)$ が同相写像であるとき，最初の $f: X \to Y$ を**埋め込み**という．字義通り位相空間 X が写像 f によって，Y の中に埋め込まれるのである．

定理 1.1 $f: X \to Y$ を連続写像とし，X はコンパクト，Y はハウスドルフとする．このとき，f が単射ならば f は埋め込みである．

この定理の証明のためにまず次の 3 つの補題を証明しよう．

補題 1.2 A を位相空間 X の閉集合とする．このとき，X がコンパクトならば，A もコンパクトである．

［**証明**］ $\{U_\gamma \mid \gamma \in \Gamma\}$ を A の任意の開被覆とする．

$$\{U_\gamma \mid \gamma \in \Gamma\} \cup \{X - A\}$$

は X の開被覆である．X はコンパクトであるから，有限個の $\gamma_1, \gamma_2, \cdots, \gamma_k \in \Gamma$ があって

$$X = U_{\gamma_1} \cup U_{\gamma_2} \cup \cdots \cup U_{\gamma_k} \cup (X - A)$$

となる．このとき，$A \subset U_{\gamma_1} \cup U_{\gamma_2} \cup \cdots \cup U_{\gamma_k}$ であるから，A もコンパクトであることがわかる． □

補題 1.3 位相空間 X がハウスドルフで，その部分空間 A がコンパクトならば，A は閉集合である．

［**証明**］ A の補集合 $X - A$ が開集合であることを示せばよい．このためには，任意の点 $x \in X - A$ に対して，$x \in O_x \subset X - A$ となる開集合 O_x が存在することを示せばよい．

$x \in X - A$ を1つ固定して考える．X はハウスドルフであるから，任意の $y \in A$ に対して

$$x \in U_y, \quad y \in V_y, \qquad U_y \cap V_y = \emptyset$$

となる開集合 U_y, V_y が存在する．このとき $\{V_y \mid y \in A\}$ は A の開被覆である．A はコンパクトであるから，有限個の点 $y_1, y_2, \cdots, y_k \in A$ があって，

$$A \subset V_{y_1} \cup V_{y_2} \cup \cdots \cup V_{y_k}$$

となる．$O_x = U_{y_1} \cap U_{y_2} \cap \cdots \cap U_{y_k}$，$V_x = V_{y_1} \cup V_{y_2} \cup \cdots \cup V_{y_k}$ とする．各 U_{y_i} は開集合であるから，O_x も開集合である．さらに $x \in O_x$，$O_x \cap V_x = \emptyset$ したがって $O_x \cap A = \emptyset$，すなわち $O_x \subset X - A$ であることがわかる．以上によって A は開集合であることが示された． □

補題 1.4 $f: X \to Y$ を連続写像とする．このとき，X の部分集合 A がコンパクトならば，$f(A)$ もコンパクトである．

[**証明**] $\{U_\gamma \mid \gamma \in \Gamma\}$ を $f(A)$ の任意の開被覆とする．このとき，

$$\{f^{-1}(U_\gamma) \mid \gamma \in \Gamma\}$$

は A の開被覆である．A はコンパクトであるから，有限個の $\gamma_1, \gamma_2, \cdots, \gamma_k \in \Gamma$ だけで

$$A \subset f^{-1}(U_{\gamma_1}) \cup f^{-1}(U_{\gamma_2}) \cup \cdots \cup f^{-1}(U_{\gamma_k})$$

とできる．これより

$$f(A) \subset U_{\gamma_1} \cup U_{\gamma_2} \cup \cdots \cup U_{\gamma_k}$$

となり，$f(A)$ はコンパクトであることがわかる． □

[**定理 1.1 の証明**] $f: X \to f(X)$ は全単射であるから，逆写像 $g: f(X) \to X$ が存在する．この g が連続写像であること，すなわち，X の任意の開集合 O に対して，$g^{-1}(O) = f(O)$ が $f(X)$ の開集合であることを示せばよい．さらにこのためには

$$f(X) - f(O) = f(X - O)$$

が $f(X)$ の閉集合であることを示せばよい．補題 1.2 によって $X - O$ はコンパクトである．補題 1.4 によって $f(X - O)$ もコンパクト，さらに補題 1.3 によってこれは閉集合である． □

例 1.2 n 次元円板 $D^n = \{(x_1, x_2, \cdots, x_n) \in \boldsymbol{R}^n \mid x_1^2 + x_2^2 + \cdots + x_n^2 \leq 1\}$ と n 次元球面 $S^n = \{(x_1, x_2, \cdots, x_{n+1}) \in \boldsymbol{R}^{n+1} \mid x_1^2 + x_2^2 + \cdots + x_{n+1}^2 = 1\}$ に対して，$e_1 : D^n \to S^n$ を

$$e_1(x_1, x_2, \cdots, x_n) = (x_1, \cdots, x_n, \sqrt{1 - x_1^2 - \cdots - x_n^2})$$

と定めれば，これは埋め込みになる．S^2 を地球の表面と考えれば，$e_1 : D^2 \to S^2$ は地球の北半球への D^2 の埋め込みである．$e_2 : D^n \to S^n$ を

$$e_2(x_1, x_2, \cdots, x_n) = (x_1, \cdots, x_n, -\sqrt{1 - x_1^2 - \cdots - x_n^2})$$

とすれば，これは南半球への埋め込みを与える． ◇

例 1.3 $m < n$ のとき，$e_3 : S^m \to S^n$ を

$$e_3(x_1, x_2, \cdots, x_{m+1}) = (x_1, \cdots, x_{m+1}, 0, \cdots, 0)$$

と定めれば，これも埋め込みである．とくに $e_3 : S^1 \to S^2$ は地球の赤道への S^1 の埋め込みである(図1.5)． ◇

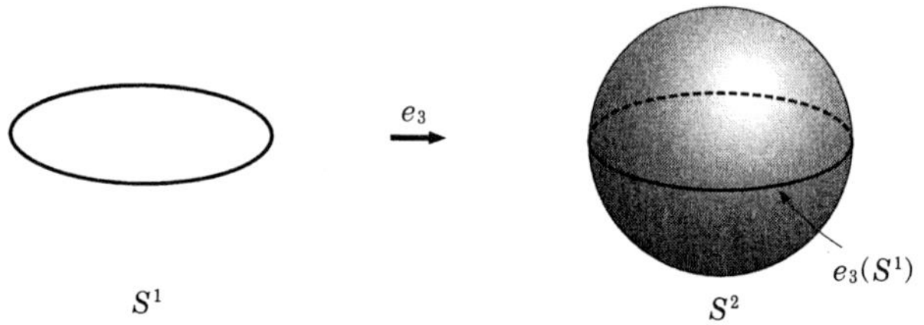

図1.5

例 1.4 $S^{n-1} \subset D^n$ で，S^{n-1} は D^n の境界である．(定義が後になって申し訳ないが，"境界"という言葉の定義は§3で与える．) $e_4 : S^{n-1} \to D^n$ を包含写像，すなわち，

$$e_4(x_1, x_2, \cdots, x_n) = (x_1, x_2, \cdots, x_n)$$

と定めれば，これも埋め込みである($n=2$ の場合を図1.6に示した)． ◇

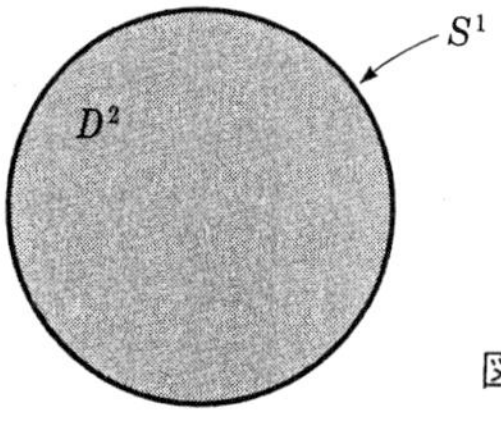

図1.6

数学と「です・ます」調

本書は16節から成っています．執筆にあたって，多忙な現代人(?)のために，1つの話題を読み切るために必要な時間が同じ位になるようにとの配慮から，各節とも同じ頁数で，かつ奇数頁で終わるようにとの編集サイドからの指示がありました．著者にとって本書は，研究論文の執筆を除けば初めての著作です．各節をすべて一定の長さで書くということは，新米作家が第1作目から新聞小説に挑戦するような感じでした．そのように努力はしてみましたが，最終的に活字や図を組んでみると，やはり各節の長さにばらつきがあり，早くも第1節目（§1）から余白調整のための囲み記事が必要になりました．

さて編集上の裏話はともかくとして，数学書の中に突然上のような「です・ます」調の文章が出てきたことを奇異に感じた読者も多いに違いない．

● X は位相空間です．	● X は位相空間である．
● A はコンパクトではありません．	● A はコンパクトではない．
● S^1 は S^2 に埋め込まれます．	● S^1 は S^2 に埋め込まれる．

数学を記述するとき読者は，通常どちらの表現を使っているであろうか．ほとんどの読者が右側の表現であると思う．普段は丁寧な言葉使いの人も数学の答案やレポートでは左側の「です・ます」調ではなく，右側のような表現を使うであろう．

数学を「です・ます」調で記述すれば，何となくよそゆきの文章になってしまう．「です・ます」調の表現は一種の敬語表現であり，丁寧や謙譲の意を含む．数学書に限らず科学の真理を伝える学術書に，生身の人間関係に派生する敬語表現がなじまないのは当然である．

練習問題1

1. 位相空間 X の部分集合 A に対して，A が任意の点 $x \in A$ の近傍であることと，A は開集合であることは同値であることを示せ．

2. X_1, X_2 を位相空間とし，$i=1,2$ に対し，$p_i : X_1 \times X_2 \to X_i$ を射影，すなわち $(x_1, x_2) \in X_1 \times X_2$ に対し $p_i(x_1, x_2) = x_i$ とする．$X_1 \times X_2$ には積位相を与えて位相空間と考えるとき，次を示せ．

（i） $p_i : X_1 \times X_2 \to X_i$ は連続である．

（ii） $p_i : X_1 \times X_2 \to X_i$ は開写像，すなわち $X_1 \times X_2$ の開集合 O に対し，$p_i(O)$ は X_i の開集合である．

（iii） もう1つの位相空間 Y に対し，$f : Y \to X_1 \times X_2$ が連続であることと，$p_1 \circ f$ および $p_2 \circ f$ が連続であることは同値である．

3. X を位相空間，A_1, A_2 を X の部分集合とする．

（i） A_1, A_2 がコンパクトならば，$A_1 \cup A_2$ もコンパクトであることを示せ．

（ii） X がハウスドルフで，A_1, A_2 がコンパクトならば，$A_1 \cap A_2$ もコンパクトであることを示せ．

（iii） (ii) において X がハウスドルフでなければ，$A_1 \cap A_2$ はコンパクトとは限らない．その例をあげよ．

§ 2. 同値関係と商空間

集合 X の 2 つの元の間にある関係 $\sim$ が定義されているとする．すなわち，任意の元 $x, y \in X$ に対し，$x \sim y$ であるかないかが定義されているとする．このとき直積集合 $X \times X$ の部分集合 G を

$$G = \{ (x, y) \in X \times X \mid x \sim y \}$$

により定める．この G を関係 $\sim$ の**グラフ**という．

逆に $X \times X$ の部分集合 H より，X における関係 $\sim$ が

$$x \sim y \iff (x, y) \in H$$

により定まる．この関係 $\sim$ のグラフは H である．このようなことにより X における関係が与えられることと，$X \times X$ の部分集合が与えられることは同じことであると考えてよい．

X における関係 $\sim$ は次の (i), (ii), (iii) をみたすとき，**同値関係**と呼ばれる：

(i) 反射律： $x \sim x \quad (x \in X)$,

(ii) 対称律： $x \sim y \Longrightarrow y \sim x \quad (x, y \in X)$,

(iii) 推移律： $x \sim y,\ y \sim z \Longrightarrow x \sim z \quad (x, y, z \in X)$.

これらの条件を $\sim$ のグラフ G に対して述べれば次のようになる．

(i′) 反射律： $x \in X \Longrightarrow (x, x) \in G$,

(ii′) 対称律： $(x, y) \in G \Longrightarrow (y, x) \in G$,

(iii′) 推移律： $(x, y), (y, z) \in G \Longrightarrow (x, z) \in G$.

X における関係 $\sim$ が与えられたとし，そのグラフを G とする．このとき，次のような $X \times X$ の部分集合 $\tilde{G}$ を考えよう：

- $\tilde{G}$ は (i′), (ii′), (iii′) をみたし，$G \subset \tilde{G}$,
- ある $H\ (\subset X \times X)$ が (i′), (ii′), (iii′) をみたし $G \subset H$ ならば，$\tilde{G} \subset H$.

すなわち $\tilde{G}$ は G を含み，(i′), (ii′), (iii′) をみたす（$X \times X$ の）部分集合の中で最小のものである．この $\tilde{G}$ をグラフとする X における同値関係を，初めに与えられた関係 $\sim$ から**生成される同値関係**と呼ぶ．

例 2.1　n 次元球面 S^n の点 $x=(x_1, x_2, \cdots, x_{n+1})$ に対して，$-x=(-x_1, -x_2, \cdots, -x_{n+1})$ とする．この $-x$ も S^n の点である．$-x$ を x の**対心点**という．S^n における関係

$$x \sim -x \qquad (x \in S^n)$$

より生成される同値関係のグラフは

$$G = \{(x, x) \mid x \in S^n\} \cup \{(x, -x) \mid x \in S^n\}$$

である．◇

集合 X に同値関係 $\sim$ が与えられたとする．$x \in X$ に対し，X の部分集合

$$[x] = \{y \in X \mid x \sim y\}$$

を x の**同値類**という．このような同値類の全体 $\{[x] \mid x \in X\}$ を $X/\sim$ で表し，同値関係 $\sim$ による X の**商集合**という．自然な全射 $\pi\colon X \to X/\sim$ が任意の $x \in X$ に対し，$\pi(x)=[x]$ により定まる．

X が位相空間で $\mathcal{O}$ がその位相のとき，$\{O \mid O \subset X/\sim,\ \pi^{-1}(O) \in \mathcal{O}\}$ は $X/\sim$ の位相となる．

問 2.1　このことを示せ．

これより $X/\sim$ も位相空間となり，$\pi\colon X \to X/\sim$ は連続写像となる．$X/\sim$ を X の**商空間**という．

例 2.2　例 2.1 の同値関係 $\sim$ による n 次元球面 S^n の商空間 $S^n/\sim$ を n 次元**射影空間**といい，P^n で表す．$x \in S^n$ の同値類は $[x]=\{x, -x\}$ であるから，P^n は S^n の対心点同士を同一視して得られる空間である．◇

問 2.2　0 次元射影空間 P^0 は 1 点のみ，1 次元射影空間 P^1 は 1 次元球面 S^1 と同相であることを示せ．

$\boldsymbol{R}$ の部分空間 $I=[0,1]$ $(=\{t\in\boldsymbol{R}\mid 0\leq t\leq 1\})$ の積空間 $I^2=I\times I$ を考える．以下に I^2 のいくつかの商空間を与える．

例 2.3 I^2 において

$$(0,t)\sim(1,t) \qquad (t\in I)$$

により生成される同値関係 $\sim$ による商空間 $I^2/\sim$ を考えてみよう．これは図 2.1 のように 4 角形の左右の対辺を同一視して（すなわち，貼り合わせて）得られる空間であるから**円柱**と呼ばれる． ◇

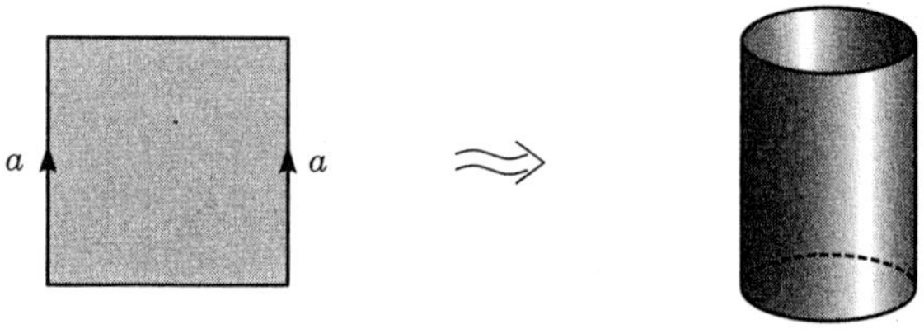

図 2.1

問 2.3 例 2.3 で定義した円柱は $S^1\times I$ と同相であることを示せ．

例 2.4 I^2 において

$$(0,t)\sim(1,1-t) \qquad (t\in I)$$

より生成される同値関係 $\sim$ による商空間 $I^2/\sim$ は図 2.2 のように 4 角形の左右の対辺の向きを逆に貼り合わせて得られる空間である．

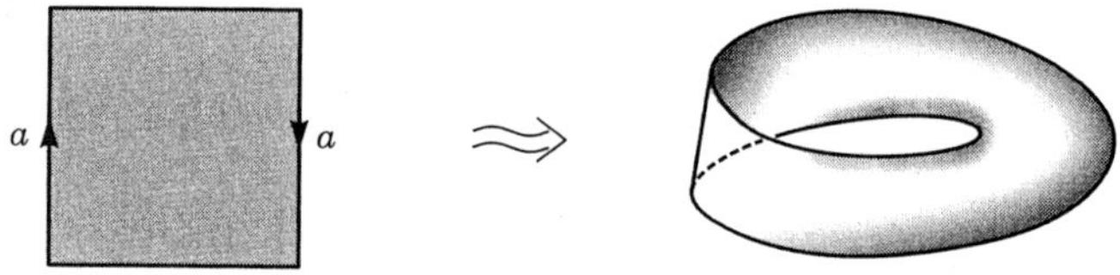

図 2.2

この商空間は**メビウスの帯**と呼ばれる．以下，これを MB と表すことにする． ◇

上の2つの例では4角形の左右の対辺のみを貼り合わせたが，今度は上下の対辺も貼り合わせてみよう．

例 2.5 I^2 において，次の関係から生成される同値関係 ~ を考える：

$$\begin{cases} (s,0) \sim (s,1) & (s \in I), \\ (0,t) \sim (1,t) & (t \in I). \end{cases}$$

これによる商空間 $I^2/\sim$ は図2.3のように上下，左右の2組の対辺を矢印の向きが合うように貼り合わせて得られる空間である．

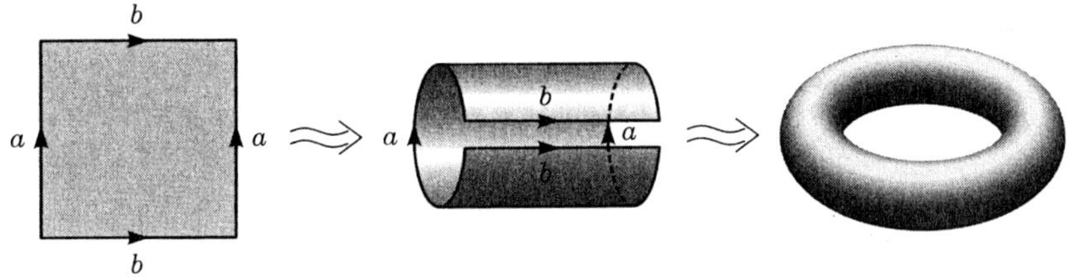

図 2.3

この商空間は前節で定義したトーラス $T^2 = S^1 \times S^1$ に他ならない． ◇

問 2.4 例2.5で定義した商空間 $I^2/\sim$ とトーラス $T^2 = S^1 \times S^1$ は同相であることを示せ．

上の例2.5では2組の対辺とも同じ向きに貼り合わせたが，次の例では上下の対辺の向きを逆にしてみよう．

例 2.6 I^2 において，次の関係から生成される同値関係 ~ を考える：

$$\begin{cases} (s,0) \sim (1-s,1) & (s \in I), \\ (0,t) \sim (1,t) & (t \in I). \end{cases}$$

この同値関係による商空間 $I^2/\sim$ を**クラインの壺**といい，KB で表す．

向きを逆にした上下の辺を貼り合わせるためには，次のページの図2.4のように円柱の内側から貼り合わせなければならない．しかしこのことは円柱の側面を突き破らない限り3次元の世界では不可能である．したがって，右端の図はクラインの壺の3次元世界での仮の姿である． ◇

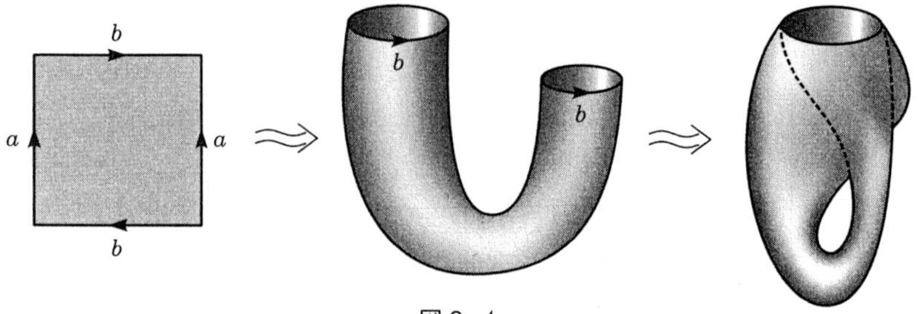

図 2.4

さて今度は左右の対辺の向きも逆にしてみよう．

例 2.7 I^2 において，次の関係から生成される同値関係 $\sim$ を考える：

$$\begin{cases} (s,0) \sim (1-s,1) & (s \in I), \\ (0,t) \sim (1,1-t) & (t \in I). \end{cases}$$

この同値関係による商空間 $I^2/\sim$ は，以下に示すように例 2.2 の商空間 $S^2/\sim$ と同相であり，2 次元射影空間 P^2 である．2 次元射影空間を**射影平面**ともいう． ◇

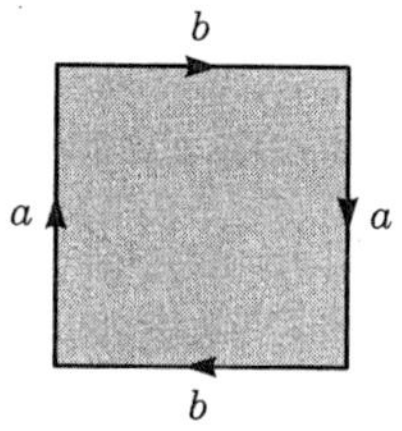

図 2.5

例 2.7 の $I^2/\sim$ と例 2.2 の $S^2/\sim$ が同相であることは次のように考えればわかりやすい．商空間 $P^2 = S^2/\sim$ を考えるためには，S^2 の赤道も含む南半球のみを考えれば十分である．（なぜならば，北半球の点は南半球の点と同一視されるのであるから．） この南半球の赤道上の対心点を同一視したものが P^2 である．

図 2.6

図 2.6 の左図の赤道部分を変形し，右図のようにして赤道を 4 つの辺に分けて考えるとき，対辺同士を矢印の向きを合わせて貼り合わせたものが P^2 である．この右図の貼り合わせは例 2.7 の同値関係による貼り合わせに他ならない．

例 2.8　例 2.3 ～ 2.7 では 4 角形を考えたが，便宜上 2 角形というものも考えることにすれば，P^2 に対する上の議論より，P^2 は図 2.7 の左図の 2 角形の貼り合わせから得られることがわかる．

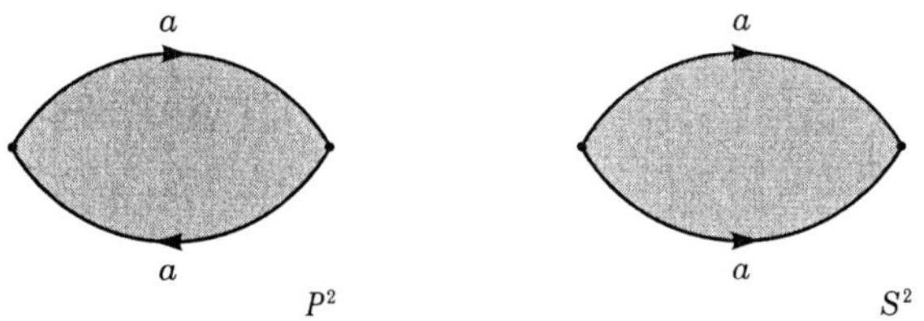

図 2.7

右図の 2 角形の貼り合わせからは球面 S^2 が得られる．◇

例 2.5，2.6，2.7 の 4 角形の図はそれぞれトーラス T^2，クラインの壺 KB，射影平面 P^2 の，例 2.8 の 2 角形の図は射影平面 P^2 と球面 S^2 のいわば**展開図**である．これらの展開図を，例 2.5 は $aba^{-1}b^{-1}$，例 2.6 は $ab a^{-1}b$，例 2.7 は $abab$，例 2.8 は aa および aa^{-1} と記号化して表すことにしよう．4 角形あるいは 2 角形の辺上を時計回りに回るときに，進行方向と同じ向きの辺は a，逆向きの辺は a^{-1} などと表すのである．

T^2 の展開図が $aba^{-1}b^{-1}$ であることを，$T^2 = aba^{-1}b^{-1}$ と書くことにしよう．このように書くとき，$KB = aba^{-1}b$，$P^2 = abab$，$P^2 = aa$，$S^2 = aa^{-1}$ である．この P^2 の場合からもわかるように展開図やその記号表示は一意的ではない．展開図の辺上を時計回りに回るとき，その記号表示はどの辺から始めてもよい．したがって例えば，

$$T^2 = aba^{-1}b^{-1} = ba^{-1}b^{-1}a = a^{-1}b^{-1}ab$$

などである．

さて話を一般論にもどそう．X と Y を位相空間とし，$\sim_1$ を X における同値関係，$\sim_2$ を Y における同値関係とする．連続写像 $f: X \to Y$ に対して，次の条件 (＊) が成り立つとする：

(＊) X において $x \sim_1 x' \implies Y$ において $f(x) \sim_2 f(x')$.

このとき，商空間の間の写像 $\tilde{f}: X/{\sim_1} \to Y/{\sim_2}$ が任意の $[x] \in X/{\sim_1}$ に対し，$\tilde{f}([x]) = [f(x)]$ により定まる．さらにこの $\tilde{f}$ は連続写像であることがわかる．

問 2.5 $\tilde{f}: X/{\sim_1} \to Y/{\sim_2}$ が連続写像であることを示せ．

例 2.9 $X = I^2$, $Y = I^2$ とする．X における同値関係 $\sim_1$ を例 2.4 で与えた同値関係，Y における同値関係 $\sim_2$ を例 2.7 で与えた同値関係とする．したがって $X/{\sim_1}$ はメビウスの帯 MB, $Y/{\sim_2}$ は射影平面 P^2 である．$f: X \to Y$ を任意の $(s, t) \in X$ に対して，

$$f(s, t) = \left(s, \frac{t}{2} + \frac{1}{4}\right)$$

と定める．これは連続写像で図示すれば次のようになる．

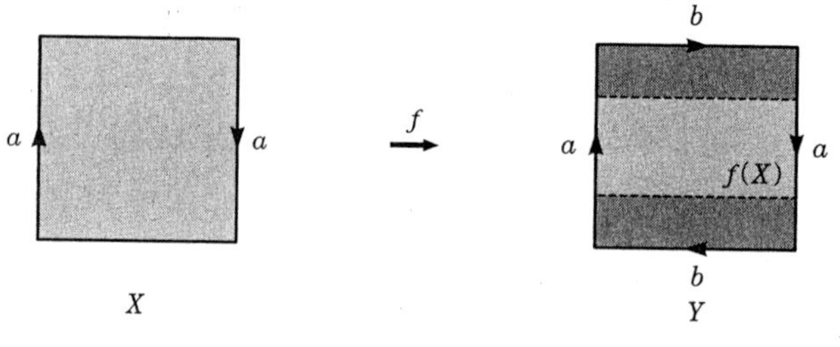

図 2.8

容易に検証できるように，この f は上記の (＊) をみたす．したがって連続写像 $\tilde{f}: MB \to P^2$ が得られる．さらに定理 1.1 より，この $\tilde{f}$ は埋め込みであることもわかる．メビウスの帯はねじれた帯であるから，これを人間の腰に巻き付けようとするとどうしても折り目ができてしまう．しかしこの例が示すように射影平面には折り目なしで巻き付けることができる． ◇

さて射影平面にメビウスの帯を巻き付けたときに，その外側はどうなっているか考えてみよう．ここで外側とは図2.8の Y で濃墨の部分のことである．図2.9の (i) のように Y のいくつかの辺に名前をつける．

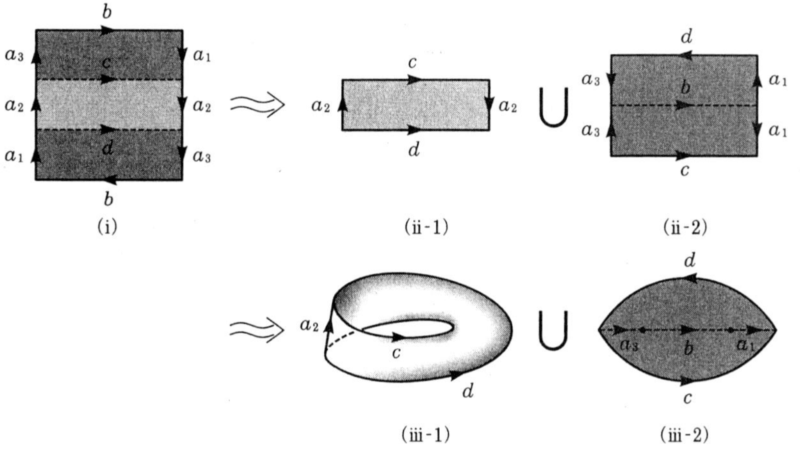

⟹ 射影平面 P^2

図2.9

図2.9の (i) で辺 c, d の部分にはさみを入れて3つの部分に切り離し，上の長方形と下の長方形の辺 b の部分を貼り合わせたものが (ii-2) である．さらに a_1 および a_3 の貼り合わせを行うと (iii-2) になる．これは2次元円板 D^2 である．一方，(ii-1) で a_2 を貼り合わせると (iii-1) のメビウスの帯 MB になる．(iii-1) の c, d と (iii-2) の c, d はもともとはそれぞれ同一視されていたものであるから，これらを貼り合わせて射影平面 $P^2 = Y/\sim_2$ が得られる．(iii-1) に対応する部分が射影平面に巻き付けられたメビウスの帯，そして (iii-2) がその外側の部分に対応する．このことからわかるようにメビウスの帯の境界と2次元円板の境界を互いに貼り合わせると射影平面ができる．

射影平面にメビウスの帯を巻き付けた(埋め込んだ)のと同様に考えて，クラインの壺にもメビウスの帯を巻き付けることができる．そして，その外側もメビウスの帯になる．すなわち，2 つのメビウスの帯の境界同士を貼り合わせるとクラインの壺になることがわかる（図 2.10）．

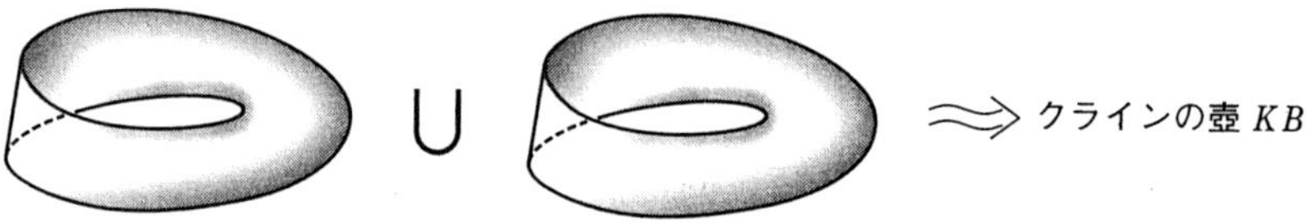

図 2.10

これらのことを読者は次の練習問題として考えてほしい．なお，これらのことについては § 3 でも再び触れることにする．

練習問題 2

1. H を $X \times X$ の部分集合とする．H を含み同値関係の条件（p.12）(i′), (ii′), (iii′) をみたす部分集合の全体を G_λ $(\lambda \in \Lambda)$ とする．このとき，$G = \bigcap_{\lambda \in \Lambda} G_\lambda$ は H を含み (i′), (ii′), (iii′) をみたす最小の部分集合であることを示せ．

2. X, Y を位相空間とし，$\sim$ を X における同値関係とする．$f : X \to Y$ を連続写像とし，これが次をみたすとする：

$$x, x' \in X \text{ に対し} \qquad x \sim x' \Longrightarrow f(x) = f(x').$$

このとき，連続写像 $g : X/\sim \to Y$ で次の図式を可換にするものが存在することを示せ：

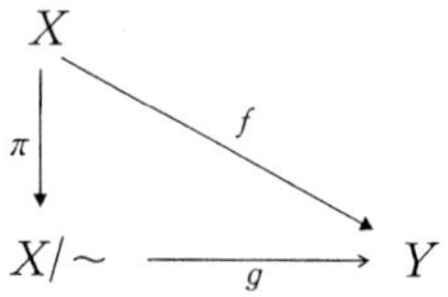

ここに π は自然な全射である．

3. X, Y を位相空間とし，X はコンパクト，Y はハウスドルフとする．また，$f : X \to Y$ を連続写像とし，X における同値関係 $\sim$ を，$x, x' \in X$ に対し，

$$x \sim x' \overset{\text{def}}{\Longleftrightarrow} f(x) = f(x')$$

で定義する．$\tilde{f}: X/\sim \to Y$ を任意の $[x] \in X/\sim$ に対し，$\tilde{f}([x]) = f(x)$ により定義するとき，これは埋め込みであることを示せ．

4. 埋め込み $f: MB \to KB$ を構成せよ．

5. 次の図のように3角形の2辺を貼り合わせるとき，(i) からは円板 D^2，(ii) からはメビウスの帯 MB が得られることを示せ．

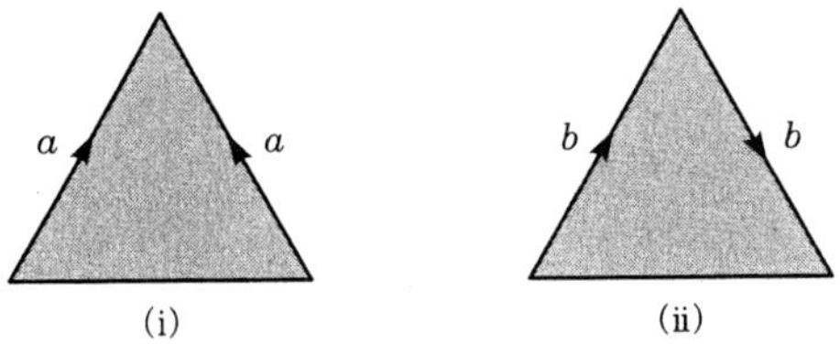

図2.11

6. 2つのメビウスの帯の境界を互いに貼り合わせるとクラインの壺になることを示せ．

§ 3. 閉曲面と連結和

前節では4角形や2角形の辺を貼り合わせることを考えたが，本節では一般に $2n$ 角形を考え，2つずつの辺を対にして互いに貼り合わせることによって得られる商空間を考えよう．例えば $n=6$ の場合を図示してみると次のようである．

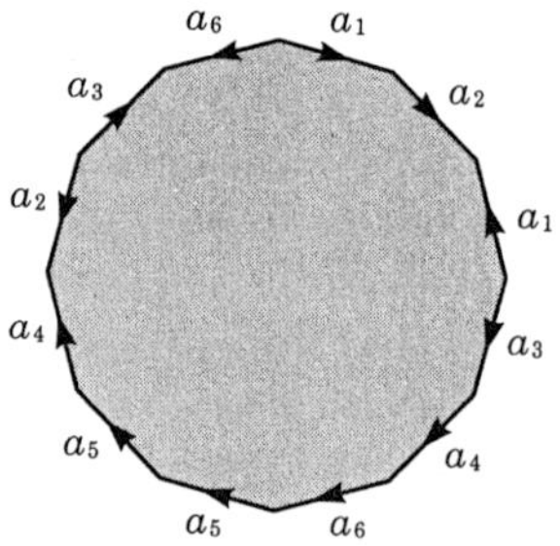

図 3．1

これは12角形において，2つの a_i を向きを合わせて貼り合わせることを示す展開図である．この記号表示は $a_1 a_2 a_1^{-1} a_3 a_4 a_6 a_5 a_5 a_4 a_2^{-1} a_3 a_6^{-1}$ となる．このようにして $2n$ 角形の2辺ずつを，すべての対に対して貼り合わせることによって得られる商空間を**閉曲面**と呼ぶ．前節のトーラス，クラインの壺，射影平面は閉曲面である．なお，閉曲面の展開図の $2n$ 角形は正 $2n$ 角形である必要はない．また，クラインの壺や射影平面の場合がそうであったように，各辺の貼り合わせが実際に3次元空間の中で実現できるとは限らない．

問 3.1 閉曲面の任意の点は $\boldsymbol{R}^2$ の開集合と同相な近傍をもつことを示せ．

一般に位相空間 X において，X の任意の点が $\boldsymbol{R}^n$ の開集合と同相な近傍をもつとき，X は n 次元**位相多様体**と呼ばれる．上の問3.1より閉曲面は2次元位相多様体である．

前節までに取り扱った2次元円板 D^2，円柱 $S^1 \times I$，メビウスの帯 MB などは，上の定義によれば位相多様体ではない．例えば，メビウスの帯 MB

において，図 3.2 の点 x はユークリッド空間の開集合と同相な近傍をもたない．

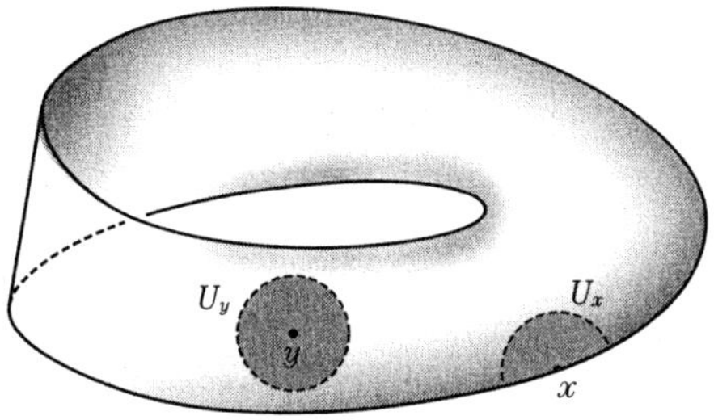

図 3.2

しかしこの図が示唆しているように，

$$\boldsymbol{R}_+^n = \{\,(x_1, x_2, \cdots, x_n) \in \boldsymbol{R}^n \mid x_n \geq 0\}$$

とするとき，MB の点はすべて $\boldsymbol{R}_+^2$ の開集合と同相な近傍をもつ．

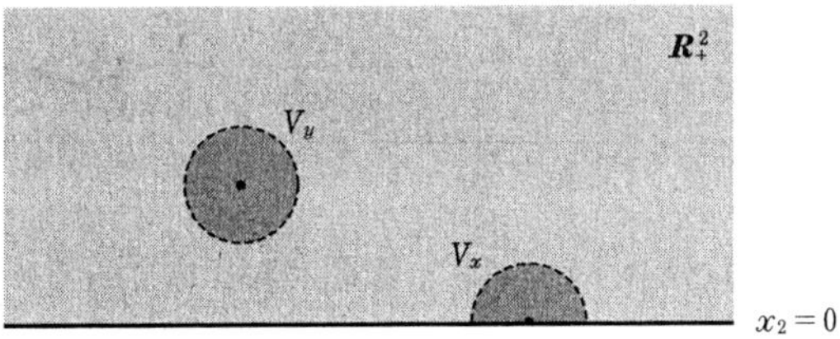

図 3.3

図に頼った直観的な説明で申し訳ないが，図 3.2 の U_x は図 3.3 の V_x に同相であり，同様に U_y は V_y に同相である．このように任意の点が $\boldsymbol{R}_+^n$ の開集合と同相な近傍をもつ位相空間 X を**境界付き** n **次元位相多様体**という．“境界” という言葉は既に§1や§2でも使ったが，図 3.2 の点 x のように $\boldsymbol{R}^n$ の開集合と同相な近傍はもたないが，$\boldsymbol{R}_+^n$ の開集合とは同相な近傍をもつ点の全体を X の**境界**といい，∂X で表す．$\partial X = \emptyset$ のときが，X は既に定義した意味での位相多様体である．これを**境界をもたない位相多様体**ともいう．D^2，$S^1 \times I$，MB はいずれも境界付き 2 次元位相多様体であり，$\partial D^2 = S^1$，$\partial(S^1 \times I) = S^1 \cup S^1$，$\partial MB = S^1$ である．n 次元円板 D^n は境界付き n 次元位相多様体で，$\partial D^n = S^{n-1}$ である．

M, N を 2 つの閉曲面とし，展開図の記号表示をそれぞれ

$$M = a_1 a_2 a_1^{-1} a_3^{-1} a_3 a_2, \qquad N = b_1 b_2^{-1} b_3 b_1^{-1} b_4 b_2 b_3 b_4^{-1}$$

とする．このとき M の展開図は 6 角形，N の展開図は 8 角形である．これらの展開図の記号表示を連ねて得られる

$$a_1 a_2 a_1^{-1} a_3^{-1} a_3 a_2 b_1 b_2^{-1} b_3 b_1^{-1} b_4 b_2 b_3 b_4^{-1}$$

は 14 角形の展開図の記号表示であり，これもまた閉曲面を与える．このように閉曲面 M, N の展開図の記号表示を連ねて得られる閉曲面を $M \sharp N$ と表し，M と N の**連結和**と呼ぶ．

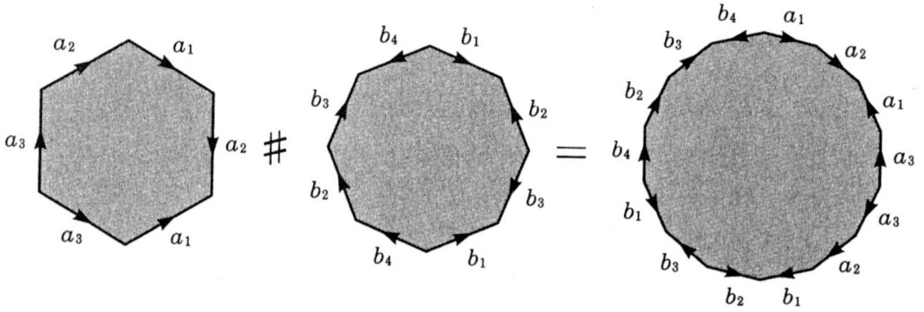

図 3.4

この連結和というのは具体的にはどのような閉曲面なのであろうか？　次にこのことについて考えてみよう．

$$\mathring{D}^n = \{ (x_1, x_2, \cdots, x_n) \in \boldsymbol{R}^n \mid x_1^2 + x_2^2 + \cdots + x_n^2 < 1 \}$$

とする．$\mathring{D}^n = D^n - \partial D^n$ である．この $\mathring{D}^n$ を n 次元**開円板**という．これに対して D^n は n 次元**閉円板**とも呼ばれる．

閉曲面 M, N に対して，$h_1 : D^2 \to M$，$h_2 : D^2 \to N$ を埋め込みとする．$M - h_1(\mathring{D}^2)$ と $N - h_2(\mathring{D}^2)$ はともに境界付き 2 次元位相多様体である．これらの交わりのない和集合（これを**直和**という）

$$(M - h_1(\mathring{D}^2)) \coprod (N - h_2(\mathring{D}^2))$$

において，関係

$$h_1(x) \sim h_2(x) \qquad (x \in \partial D^2)$$

から生成される同値関係による商空間を $M \# N$ と表そう．これは M と N からそれぞれ開円板を取り去り，その境界の部分を貼り合わせて得られる空間である．ここでは深くは立ち入らないが，$M \# N$ の定義は h_1, h_2 の取り方にはよらない．したがって M, N から取り去る開円板は M, N のどの部分から切り取ってもよい．図3.5は M, N がともにトーラスの場合の $M \# N$ の定義を図示したものである．

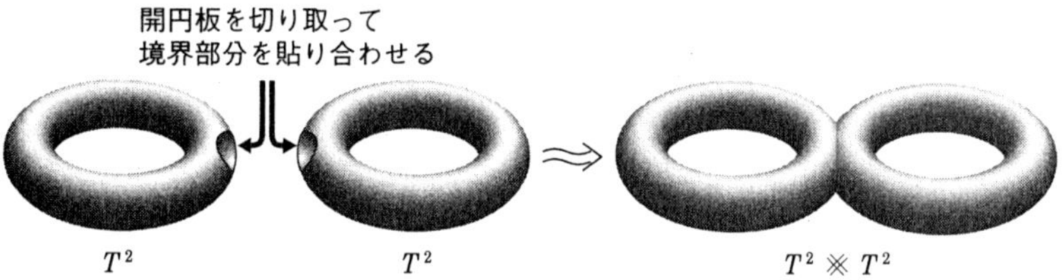

図3.5

このとき $T^2 \# T^2$ の展開図がどうなるか考えてみよう．2つの T^2 の展開図を $a_1 b_1 a_1^{-1} b_1^{-1}$ と $a_2 b_2 a_2^{-1} b_2^{-1}$ とする．

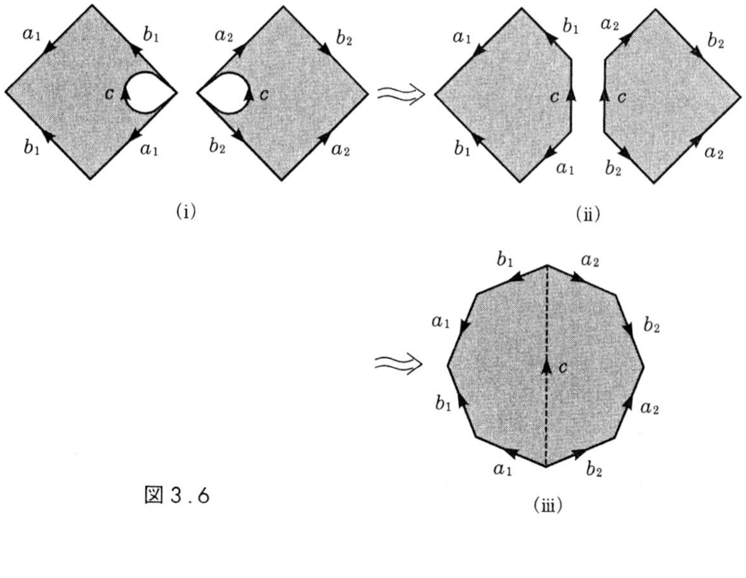

図3.6

図 3.6 の (i) はそれぞれの展開図より開円板を取り去り，その境界を c とすることを示している．これらを貼り合わせるために (ii) において c の部分をまっすぐに伸ばし，そして貼り合わせたものが (iii) である．この (iii) の記号表示は $a_1 b_1 a_1^{-1} b_1^{-1} a_2 b_2 a_2^{-1} b_2^{-1}$ であり，これは 2 つの T^2 の連結和 $T^2 \# T^2$ の展開図である．すなわち $T^2 ※ T^2 = T^2 \# T^2$ であることがわかった．

この $M = T^2$, $N = T^2$ の場合と同様に考えて，次の定理が得られる．

定理 3.1 2 つの閉曲面 M, N の連結和は，それぞれから開円板を取り去り，境界の部分を貼り合わせたものである，すなわち，$M \# N = M ※ N$.

この定理によって $\#$ と ※ は同じ意味をもつことになる．よって以下においては $\#$ の記号の方を代表して使うことにする．

2 つの射影平面 $P^2 = aa$ と $P^2 = bb$ の連結和 $P^2 \# P^2 = aabb$ について考えてみよう．

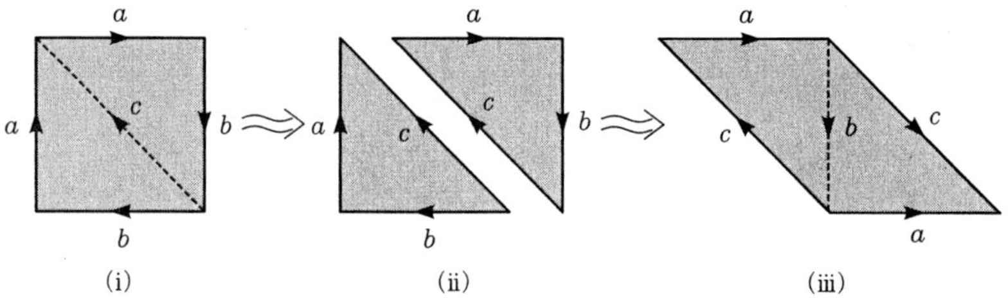

図 3.7

図 3.7 の (i) は $P^2 \# P^2$ の展開図である．(i) の c に沿ってはさみを入れて切り離し，辺 b を貼り合わせると (iii) になる．この (iii) はクラインの壺の展開図である．これより次の定理が得られる．

定理 3.2 $P^2 \# P^2 = KB$, すなわち，2 つの射影平面の連結和はクラインの壺である．

2つの閉曲面 M_1, M_2 に対して，$M_1 \# M_2$ の展開図と $M_2 \# M_1$ の展開図は同じである．したがって $M_1 \# M_2 = M_2 \# M_1$ である．M_3 をもう1つの閉曲面とする．$(M_1 \# M_2) \# M_3$ は $M_1 \# M_2$ と M_3 の連結和である．$M_1 \# (M_2 \# M_3)$ は M_1 と $M_2 \# M_3$ の連結和である．これらに対しても展開図が同じであることより，$(M_1 \# M_2) \# M_3 = M_1 \# (M_2 \# M_3)$ であることがわかる．したがってこの閉曲面を括弧を省略して，$M_1 \# M_2 \# M_3$ と表すことにする．4つ以上の場合も同様に閉曲面 $M_1 \# M_2 \# \cdots \# M_k$ が定義される．

さて，次にトーラス T^2 と射影平面 P^2 の連結和について考えよう．

定理 3.3 $T^2 \# P^2 = P^2 \# P^2 \# P^2$.

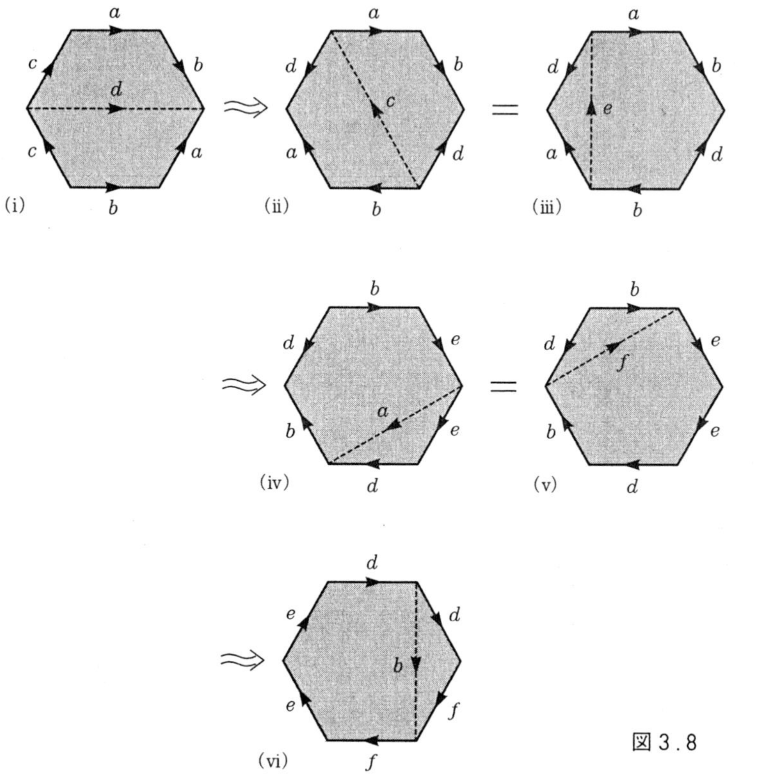

図 3.8

[証明] $T^2 = aba^{-1}b^{-1}$，$P^2 = cc$ とすれば，$T^2 \# P^2 = aba^{-1}b^{-1}cc$ となり，図 3.8 の (i) がその展開図である．この展開図を d に沿って切り離し，辺 c を貼り合わせて (ii) を得る．さらにこれを e に沿って切り離し，辺 a を貼り合わせて (iv) を得，そして f に沿って切り離し，辺 b を貼り合わせると (vi) が得られる．これは $ddffee$ であるから，3 つの射影平面の連結和である．したがって $T^2 \# P^2 = P^2 \# P^2 \# P^2$ である． □

話が前後するが，閉曲面 M_1, M_2, M_3 に対して，$M_1 \# M_2 = M_2 \# M_1$，および $(M_1 \# M_2) \# M_3 = M_1 \# (M_2 \# M_3)$ であることを既に注意した．これらのことより代数的な演算の法則を想起した読者も多いに違いないと思う．確かに $M_1 \# M_2 = M_2 \# M_1$ ということは連結和 # が“可換”であるということであり，$(M_1 \# M_2) \# M_3 = M_1 \# (M_2 \# M_3)$ ということは連結和 # が“結合法則”をみたすということである．さらに次の定理から“単位元”が存在することもいえる．しかし残念ながら“逆元”の存在は保証されない．

定理 3.4 任意の閉曲面 M に対して，$M \# S^2 = M$，$S^2 \# M = M$．

[証明] 連結和 # が可換であることは既に知っているので，$M \# S^2 = M$ を示せば，$S^2 \# M = M$ も示されたことになる．連結和の定義より，M, S^2 のそれぞれから開円板を取り去り，残りの境界の部分を貼り合わせたものが $M \# S^2$ であった．そして開円板はどの部分から切り取ってもよかった．S^2 から切り取る開円板としては（赤道を含まない）南半球を切り取ることとすると，残りは（赤道を含む）北半球である．これを円板を切り取った残りの M に貼り合わせたものが $M \# S^2$ である．ところが北半球も円板であるから，$M \# S^2$ は M から円板を切り取り，またそこに円板を貼り戻したものである．すなわち，$M \# S^2 = M$ である． □

X, Y を位相空間，A を X の部分空間，$\varphi : A \to Y$ を連続写像とする．X, Y の直和 $X \amalg Y$ において

$$x \sim \varphi(x) \qquad (x \in A)$$

より生成される同値関係による商空間を $X \cup_\varphi Y$ と表す．

定理 3.5　X と Y を境界付き n 次元位相多様体とし，$\varphi: \partial X \to \partial Y$ を同相写像とする．このとき，$X \cup_\varphi Y$ は境界をもたない n 次元位相多様体である．

[**証明**]　X と Y の境界を φ によって貼り合わせた，すなわち $x \in \partial X$ と $\varphi(x) \in \partial Y$ を同一視して得られる空間が $X \cup_\varphi Y$ である．

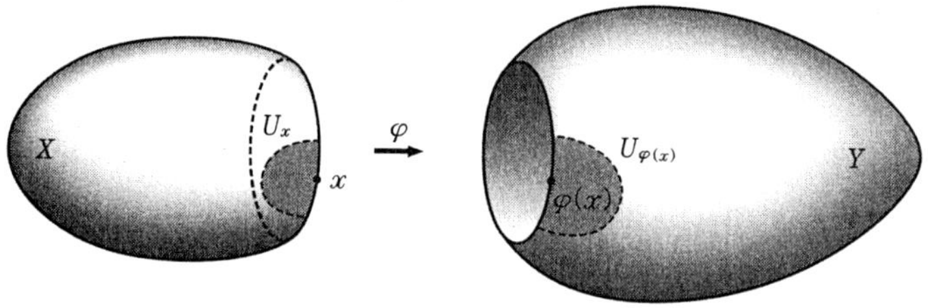

図 3.9

任意の点 $x \in X \cup_\varphi Y$ が $\boldsymbol{R}^n$ の開集合と同相な近傍をもつことを示さねばならないが，x が ∂X あるいは ∂Y の点以外であれば，このことは明らかである．$x \in \partial X$ のときは，$X \cup_\varphi Y$ においては x と $\varphi(x)$ は同じ点を表す．図 3.9 に示すように，X における x の近傍 U_x と Y における $\varphi(x)$ の近傍 $U_{\varphi(x)}$ で，それぞれ $\boldsymbol{R}^n_+$ の開集合と同相なものが存在する．必要ならば U_x と $U_{\varphi(x)}$ をもう少し小さな近傍としてとり直すことにより，φ を制限した写像

$$\varphi' = \varphi|_{U_x \cap \partial X}: \ U_x \cap \partial X \to U_{\varphi(x)} \cap \partial Y$$

は同相写像であるとしてよい．このとき，$U_x \cup_{\varphi'} U_{\varphi(x)}$ は $X \cup_\varphi Y$ において $x = \varphi(x)$ の近傍で，$\boldsymbol{R}^n$ の開集合と同相である．□

例 3.1　既に注意したように ∂MB と ∂D^2 はともに S^1 であった．この同一視のもとで $\mathrm{id}: \partial MB \to \partial D^2$ を恒等写像とするとき，$MB \cup_{\mathrm{id}} D^2 = P^2$ である．このことについても既に§2で説明した．◇

例 3.2　X を境界付き位相多様体とし，$\mathrm{id}: \partial X \to \partial X$ を恒等写像とするとき，境界をもたない位相多様体 $X \cup_{\mathrm{id}} X$ を得る．これを X の**ダブル**という．円柱 $S^1 \times I$ のダブルはトーラス T^2 であり，メビウスの帯 MB のダブルはクラインの壺 KB である．後者は練習問題 2 の **6** で既に検証していることと思う．◇

「しかるに」は逆接の接続詞である

広辞苑(岩波書店)によると，“植物は生物なり．松は植物なり．故に松は生物なり．”という推理を三段論法という．“植物は生物なり”という大前提があり，“松は植物なり”という小前提より“松は生物なり”という結論が得られるわけである．“$A=B$ であり，$B=C$ である．したがって $A=C$ である．”これも三段論法と呼ばれたりもするが，再び広辞苑によるとこれは「三段論法外の推理」と呼ぶそうである．

“$f: X \to Y$ を位相空間 X, Y の間の写像とするとき，X の部分集合 X' がコンパクトで，f が連続であれば，$f(X')$ もコンパクトである．”何論法というかは別にして，補題1.4として証明した通り，これは正しい命題である．したがって，f は連続なのに $f(X')$ がコンパクトでないならば，X' もコンパクトではない．このことを

$P(1)$：“f は連続である．しかるに $f(X')$ はコンパクトでないから，X' もコンパクトではない．”

と表現するとき，「しかるに」という言葉の使い方に違和感を覚える読者はいないであろうか？ 多分そのような読者は次の表現には何の違和感も感じないであろう．

$P(2)$：“$A=B$ であり，$B=C$ である．しかるに $A=C$ である．”

しかし，$P(2)$ のような使い方は誤りである．「しかるに」は「しかしながら」，「… であるのに」という意味であるから，$P(1)$ のような使い方が正しい．「しかるに」の前と後ろには互いに相反する内容，あるいは前の文から期待される予想とは異なる内容の文が後にくるので「しかるに」は逆接の接続詞である．$P(2)$ のように順接の接続詞として使うのは間違いである．

市販されている数学関係の書物のなかに，「しかるに」を順接の接続詞として誤用している例を見かけることがある．その影響であろうか，学生たちが提出する試験の答案やレポートにも，「しかるに」の誤用が散見される．我が身を振り返って読者の場合はどうであろうか？

練習問題 3

1. 境界付き n 次元位相多様体 M の境界 ∂M は境界をもたない $n-1$ 次元位相多様体であることを示せ.

2. (i) M, N をそれぞれ境界をもたない m 次元, n 次元の位相多様体とするとき, $M \times N$ は境界をもたない $m+n$ 次元の位相多様体であることを示せ.

(ii) M, N が境界付き位相多様体であれば, $M \times N$ も境界付き位相多様体で, $\partial(M \times N) = (\partial M \times N) \cup (M \times \partial N)$ であることを示せ.

3. $S^1 = \{ (x, y) \in \boldsymbol{R}^2 \mid x^2 + y^2 = 1 \}$ と考えるとき, $\mathrm{id} : S^1 \to S^1$ を恒等写像, $a : S^1 \to S^1$ を $a(x, y) = (x, -y)$ なる同相写像とする. $I = [0, 1]$ として $S^1 \times I$ を考える. $\partial(S^1 \times I) = S^1 \amalg S^1$ であるので, $\varphi : \partial(S^1 \times I) \to \partial(S^1 \times I)$ を, 1つの S^1 の上では id, もう1つの S^1 の上では a として定義される同相写像とする. このとき, $(S^1 \times I) \cup_\varphi (S^1 \times I) = KB$ であることを示せ.

§ 4. 閉曲面の分類

閉曲面はたくさんある．無数に存在する閉曲面を何らかの方法で分類できないだろうか？　本節ではこのことについて考えてみる．

任意の自然数 i, j に対して，

$$T(i) = T^2 \# T^2 \# \cdots \# T^2 \qquad (i \text{ 個の } T^2 \text{ の連結和}),$$

$$P(j) = P^2 \# P^2 \# \cdots \# P^2 \qquad (j \text{ 個の } P^2 \text{ の連結和})$$

とする．

次の定理が得られる．

定理 4.1　（閉曲面の分類定理）

●任意の閉曲面は，次のいずれかと同相である：

$$\begin{cases} S^2, \\ T(1), T(2), T(3), \cdots, \\ P(1), P(2), P(3), \cdots. \end{cases}$$

●これらは互いに同相ではない．

この節ではこの定理の前半部分を証明する．後半部分の証明は § 11 および § 14 において与える．

既に注意したように 1 つの閉曲面に対して，その展開図は何通りも考えられる．同じ閉曲面を表す展開図は互いに**同値である**ということにすると，定理 4.1 の前半は次のようにいい換えられる．

命題 4.2　任意の閉曲面 M の展開図の記号表示は次のいずれかと同値である：

$$\begin{cases} S^2 = a a^{-1}, \\ T(i) = a_1 b_1 a_1^{-1} b_1^{-1} a_2 b_2 a_2^{-1} b_2^{-1} \cdots a_i b_i a_i^{-1} b_i^{-1} \qquad (i = 1, 2, \cdots), \\ P(j) = a_1 a_1 a_2 a_2 \cdots a_j a_j \qquad (j = 1, 2, \cdots). \end{cases}$$

閉曲面の展開図の記号表示において，互いに貼り合わされる2つの辺の組み合わせは，

(i) a と a^{-1}，　(ii) a と a，あるいは　(iii) a^{-1} と a^{-1}

のいずれかである．(i)のとき，これらの2辺を**逆向きの辺の対**，(ii)あるいは(iii)のとき，**同じ向きの辺の対**と呼ぶことにする．展開図において，互いに貼り合わされる2つの辺の向きをともに逆にしても，貼り合わせ方に変化はなく，出来上がりの閉曲面は同じである．すなわち，2つの展開図は同値である．したがって以下の展開図の記号表示においては，(iii)の場合はともに辺の向きを逆にして，(ii)の形で考えることにする．

これから命題4.2を証明していこう．

M の展開図が2辺しかないときは，aa^{-1} かまたは aa のいずれかであるから，命題4.2の結論は即座に得られる．以下，展開図は4辺以上をもつとして，いくつかのステップに分けて証明していこう．

ステップ1

逆向きの辺の対が隣り合っているときは，これらの辺を消去できる．それは次の図より容易にわかる．

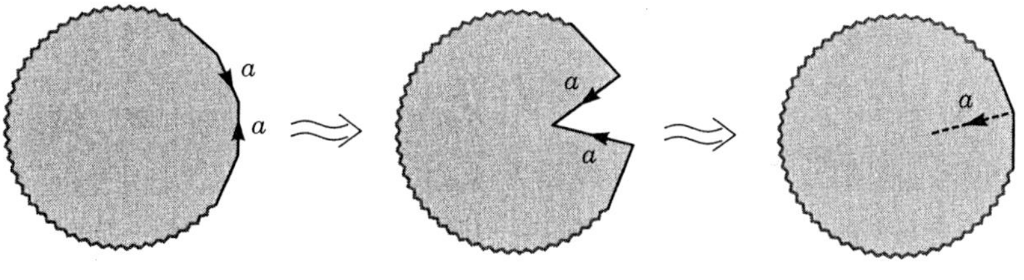

図4.1

このようにして例えば，$a^{-1}bb^{-1}ac^{-1}cde^{-1}de$ は bb^{-1} と $c^{-1}c$ を消去して，$a^{-1}ade^{-1}de$ と同値であり，さらに $a^{-1}a$ を消去して $de^{-1}de$ と同値である．このような操作を可能な限り続けて，最後に2角形になったとすれば，既に注意したようにそれは aa^{-1} あるいは aa であるから証明は完了したことになる．もし上の操作を終わっても辺の個数が4辺以上ある場合は，さらに次のステップに行く．

ステップ 2

展開図において 2 つの頂点が貼り合わされるとき，これらの頂点は**同値である**ということにする．同値な頂点の集合を**同値類**と呼ぼう．命題 4.2 の aa^{-1} 以外の展開図においては，いずれもこの同値類の個数は 1 である．すなわちすべての頂点は 1 点に同一視される．

問 4.1　命題 4.2 の aa^{-1} 以外の展開図においては，頂点は 1 点に同一視されることを確かめよ．

このステップ 2 ではすべての展開図が，頂点の同値類の個数が 1 になるか，あるいは辺の個数が 2 になるように変形できることを示そう．

ステップ 1 を終わった時点で同値類の個数が 2 以上であったとする．そうすれば別々の同値類に属する 2 つの頂点 P, Q を端点とする辺がある．それを a とする（図 4.2 の左図を参照）．

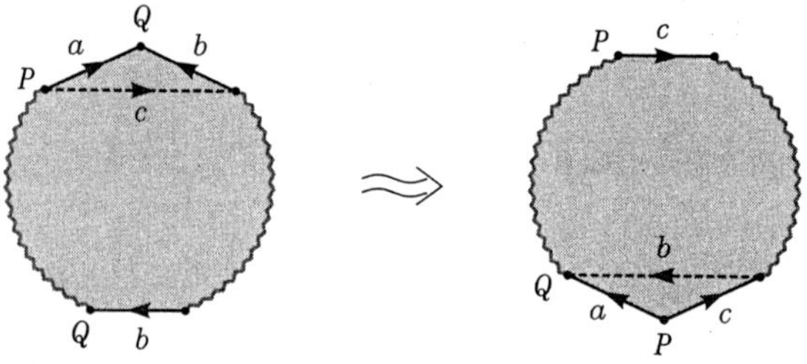

図 4.2

このときステップ 1 の操作は完了していること，および P と Q は異なる同値類に属することより，a の右隣にある辺 b が a と貼り合わされることはない．この b と貼り合わされる辺は図 4.2 の左図のように他の部分にある．点線 c のところにはさみを入れて切り離した 3 角形の辺 b を，もう 1 つの b に貼り合わせる．これが右図である．図から明らかなようにこの操作によって，P が属する同値類の頂点の個数は 1 つ増え，Q が属する同値類の頂点の個数は 1 つ減る．

ここでステップ 1 の操作が可能であれば，それを行う．そしてさらにステップ 2 の操作を行う．このことを繰り返して Q と同値な頂点をすべて消去することができる．すなわち，これにより同値類の個数が 1 つ減る．さらに他の同値類に対しても同様のことを行って，同値類の個数が 1 である展開図を得ることができる．

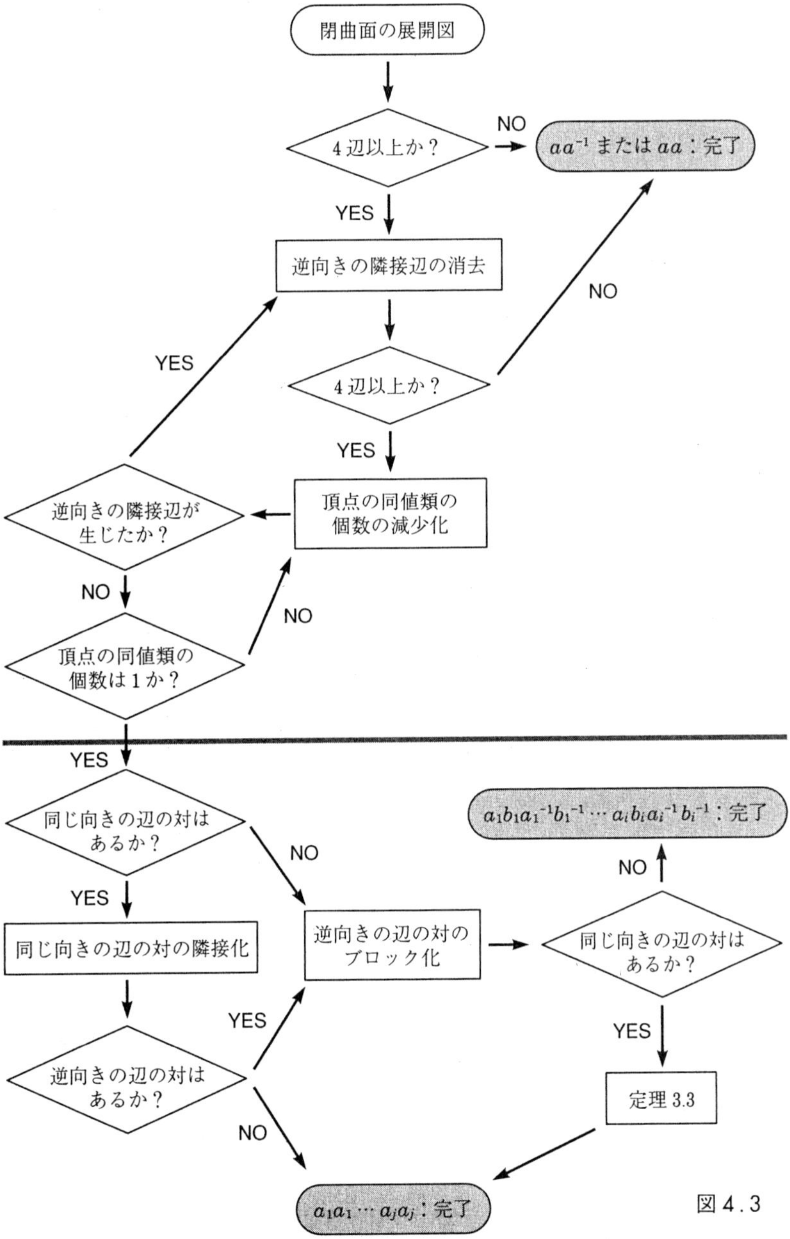
閉曲面の展開図
4 辺以上か？
NO
aa^{-1} または aa：完了
YES
逆向きの隣接辺の消去
NO
4 辺以上か？
YES
YES
頂点の同値類の
個数の減少化
逆向きの隣接辺が
生じたか？
NO
NO
頂点の同値類の
個数は 1 か？
YES
同じ向きの辺の対は
あるか？
NO
$a_1b_1a_1^{-1}b_1^{-1}\cdots a_ib_ia_i^{-1}b_i^{-1}$：完了
NO
YES
同じ向きの辺の対の隣接化
逆向きの辺の対の
ブロック化
同じ向きの辺の対は
あるか？
YES
YES
逆向きの辺の対は
あるか？
定理 3.3
NO
$a_1a_1\cdots a_ja_j$：完了

図 4.3

ここでステップ1の操作を行ったことにより，辺の個数が減り，2辺になったとすれば，そこで証明は終わる．まだ4辺以上あれば，さらに次のステップに進むわけであるが，これまでのステップとこれからのステップを図4.3にフローチャート式に示した．

フローチャートの太線より上の部分がこれまでのステップで済んでいる．さて，次のステップに進むわけであるが，この時点で展開図は次のようになっている：

(i) 逆向きの辺の対は隣り合っていない，

(ii) すべての頂点は1点に同一視される，

(iii) 辺は4辺以上ある．

ここで同じ向きの辺があればステップ3に行き，なければステップ4に飛ぶ．

ステップ3

このステップでは同じ向きの辺の対がすべて隣接するような展開図に変形する．図4.4の左図のように隣接していない同じ向きの辺 b があったとする．a に沿ってはさみを入れ，右図のように辺 b を貼り合わせる．これでもまだ隣り合わない同じ向きの辺が他にもあれば，同じ操作を繰り返す．これにより同じ向きの辺の対はすべて隣接するような展開図に変形できる．この展開図に逆向きの辺がなければ，その展開図は $a_1a_1a_2a_2\cdots a_ja_j$ という形をしているので，これで証明は終わる．

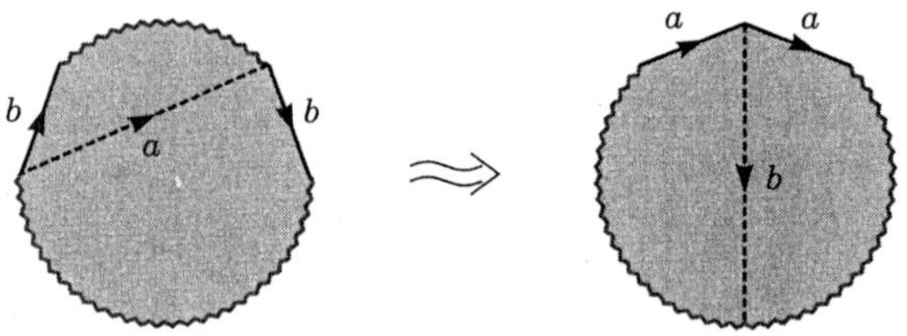

図4.4

ステップ3の操作によっても，上記(i), (ii), (iii)の性質は失われることなく保持されていることを注意しておこう．

問4.2 このことを確かめよ．

次のステップ4に進む展開図には逆向きの辺があるわけであるが，それは図4.5の左図のように隣接していない．このとき，右図のように波線 B および B' の部分にも，それぞれ1辺ずつ逆向きの辺の対がなければならない．なぜならば，そうでないとすると B にある辺は B' にある辺と貼り合わされることがなく，辺 a の始点と終点は別々の点を表すことになり，上記の性質 (ii) に矛盾するからである．

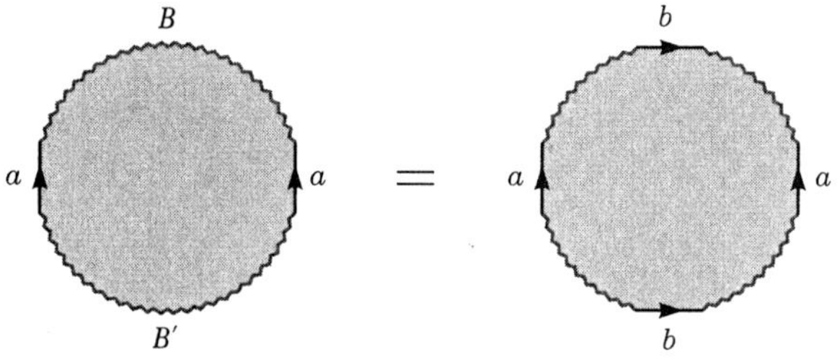

図 4．5

ステップ 4

このステップでは図 4.5 の右図のように 2 組の逆向きの辺の対が互いを分断するように $a\cdots b\cdots a^{-1}\cdots b^{-1}\cdots$ と並んでいるとき，これらを消去して，新たに連続して並ぶように，すなわち $c\,d\,c^{-1}d^{-1}\cdots$ という形に変形できることを示そう．

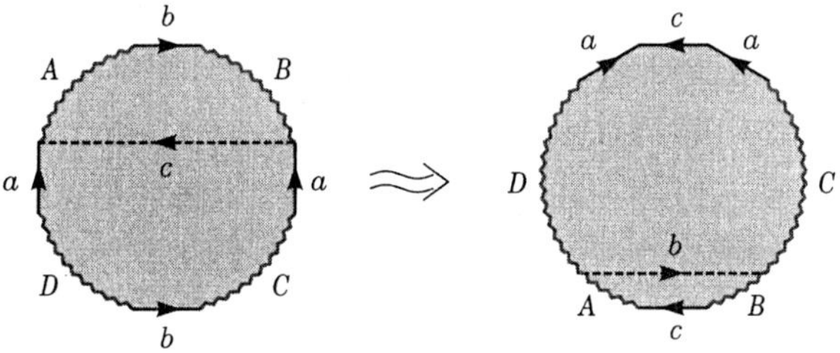

図 4．6

図 4.6 の左図において c に沿ってはさみを入れ，b を貼り合わせて右図を得る．さらに図 4.7 の左図において d に沿ってはさみを入れ，a を貼り合わせて右図を得る．これで $aAbBa^{-1}Cb^{-1}D$ が $c\,d\,c^{-1}d^{-1}ADCB$ に変形できた．

このステップ 4 の操作を可能な限り続けて，同じ向きの辺の対がなければ，

$$a_1 b_1 a_1^{-1} b_1^{-1} a_2 b_2 a_2^{-1} b_2^{-1} \cdots a_i b_i a_i^{-1} b_i^{-1}$$

となり，証明はここで終わる．同じ向きの辺の対があれば，$a\,b\,a^{-1}b^{-1}$ という形のブロックと $c\,c$ という形のブロックが混在した記号表示となる．これは何個か（s 個とする）の T^2 と何個か（t 個とする）の P^2 の連結和である．これは定理 3.3 よ

り，$2s+t$ 個の P^2 の連結和であるから，この場合も証明はここで終わりである．

以上によって命題 4.2 の証明が完了した． □

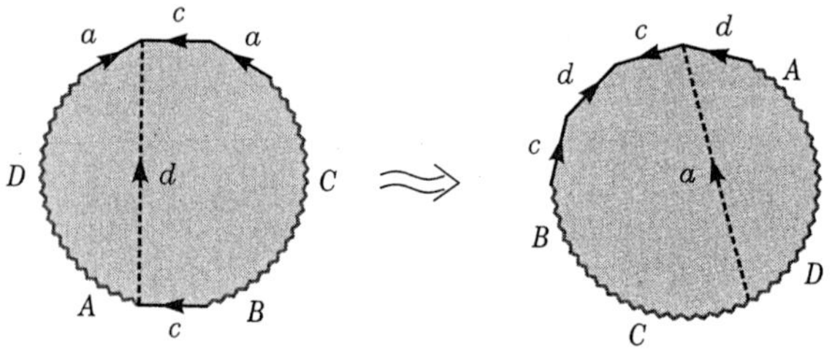

図 4.7

さて次に，“向き”という観点からメビウスの帯と円柱を考察してみよう．

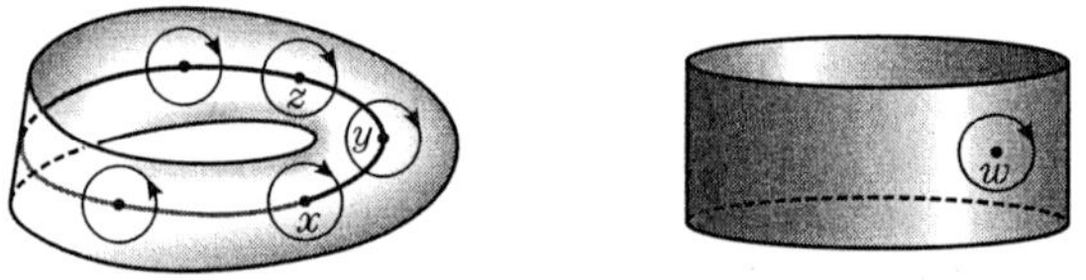

図 4.8

図 4.8 のようにメビウスの帯において，1 点 x を中心とする小さな円で，時計回りに向きのついたものを考える．これを $y, z, \cdots$ の方向に移動させていって，メビウスの帯を 1 周して再び x のところに戻ってくると，円の向きは反時計回りになってしまう．一方で円柱においては，点 w を中心とする円に向きを与えて，これをどのような経路で動かしても，再び w に戻ってくれば，円の向きは最初に与えた向きと同じである．これらのことよりメビウスの帯は**向き付け不可能**である，円柱は**向き付け可能**であるということにする．

閉曲面に対しては，メビウスの帯を巻き付けることができる（すなわち，メビウスの帯を含む）閉曲面を**向き付け不可能**な閉曲面といい，メビウスの帯を含まないものを**向き付け可能**な閉曲面という．§2 で見た通り，射影平面やクラインの壺は向き付け不可能な閉曲面である．一般に任意の $j>0$ に対して，$P(j)$ も向き付け不可能である．一方，S^2 や $T(i)$ はすべて向き付け可能である．

問 4.3 $P(j)$ が向き付け不可能であることを示せ．

練 習 問 題 4

1. 閉曲面 M の $2n$ 角形の展開図で，頂点はすべて 1 点に同一視されるものを考える，すなわち頂点の同値類の個数は 1 であるとする．このときこの展開図が，

（i）逆向きの辺の対のみであれば n は偶数で $M = T(n/2)$,

（ii）同じ向きの辺の対があれば $M = P(n)$,

であることを示せ．

2. 次の展開図はそれぞれ S^2, $T(i)$, $P(j)$ のいずれであるか．

（i）$a_1 a_1^{-1} a_2^{-1} a_3 a_3^{-1} a_2$

（ii）$a_1^{-1} a_3^{-1} a_1 a_2 a_3 a_4 a_2^{-1} a_4^{-1}$

（iii）$a_1 a_2 a_2 a_3 a_3 a_4 a_1 a_5 a_6 a_6^{-1} a_5 a_4$

（iv）$a_1 a_2 a_3 a_1 a_3 a_2^{-1}$

3. $P(j)$ には円板 D^2 やメビウスの帯 MB が埋め込まれている．$P(j)$ から開円板 $\mathring{D}^2$ を取り去り，その境界に MB の境界を貼り合わせた $(P(j) - \mathring{D}^2) \cup MB$, および $P(j)$ から MB の内部 $\mathring{MB}$ $(= MB - \partial MB)$ を取り去り，その境界に D^2 の境界を貼り合わせた $(P(j) - \mathring{MB}) \cup D^2$ について，

$$(P(j) - \mathring{D}^2) \cup MB = P(j+1),$$
$$(P(j) - \mathring{MB}) \cup D^2 = P(j-1)$$

であることを示せ．

§ 5. 単体と複体と多面体

m 次元ユークリッド空間 $\boldsymbol{R}^m$ について考える．これは任意の2点 $x=(x_1, x_2, \cdots, x_m)$，$y=(y_1, y_2, \cdots, y_m)$ の間の距離 $d(x, y)$ が

$$d(x, y)=\sqrt{(x_1-y_1)^2+(x_2-y_2)^2+\cdots+(x_m-y_m)^2}$$

により定義された距離空間であった．その一方で $\boldsymbol{R}^m$ はベクトル空間という代数的構造も併せもつ．このことについて簡単に復習しておこう．$\boldsymbol{R}^m$ には次のようにして“和”と“スカラー積”が定義される：

$$x+y=(x_1+y_1, x_2+y_2, \cdots, x_m+y_m),$$
$$\lambda x=(\lambda x_1, \lambda x_2, \cdots, \lambda x_m).$$

ただし $\lambda \in \boldsymbol{R}$ である．これにより $\boldsymbol{R}^m$ は(実数体 $\boldsymbol{R}$ 上の)ベクトル空間になる．$(-1)y$ を $-y$，そして $x+(-1)y$ を $x-y$ と表す．この $\boldsymbol{R}^m$ のベクトル空間としての構造は既に，例1.1において同相写像 $f: E^n \to D^n$ を定義するときに使っている．賢明なる読者は既に気付いていたことであろう．

$\boldsymbol{R}^m$ をベクトル空間と考えるときは，$\boldsymbol{R}^m$ の点をベクトルとも呼ぶ．ベクトルは有向線分としてとらえると便利なことも多い．すなわちベクトル x を原点 $\mathbf{o}$ を始点とし，x を終点とする有向線分 $\overrightarrow{\mathbf{o}x}$ と考えるのである．さらに始点は原点 $\mathbf{o}$ に限らず，任意の点でよい．$\overrightarrow{\mathbf{o}x}$ を平行移動した有向線分はすべて同じベクトルと考える．したがってベクトル $x-y$ は点 y を始点とし，点 x を終点とする有向線分と考えることができる．

$\boldsymbol{R}^m$ の中に $n+1$ 個の点 $v_0, v_1, \cdots, v_n$ をとる．$n \geq 1$ とし，任意の j $(0 \leq j \leq n)$ に対して，n 個のベクトルの集合 $V(j)$ を

$$V(j)=\{v_i-v_j \mid 0 \leq i \leq n,\ i \neq j\}$$

とする．ある1つの j に対して $V(j)$ が1次独立であれば，他のすべての j に対しても $V(j)$ は1次独立である．このことは線形代数の簡単な演習問題として読者は容易にわかるであろう．

$$V(0) = \{ v_1 - v_0, v_2 - v_0, \cdots, v_n - v_0 \}$$

が1次独立(したがって他の $V(j)$ も1次独立)のとき，$n+1$ 個の点 $v_0, v_1, \cdots, v_n$ は**一般の位置**にあるという．$n=0$ のときは任意の点 v_0 は**一般の位置**にあるということにする．

$n=1,2,3$ の場合について考えてみよう(図5.1)．

(i) v_0, v_1 が一般の位置にある $\Longleftrightarrow$ $v_0 \neq v_1$,

(ii) v_0, v_1, v_2 が一般の位置にある

$\Longleftrightarrow$ v_0, v_1, v_2 が同一直線上にはない，

(iii) v_0, v_1, v_2, v_3 が一般の位置にある

$\Longleftrightarrow$ v_0, v_1, v_2, v_3 が同一平面上にはない．

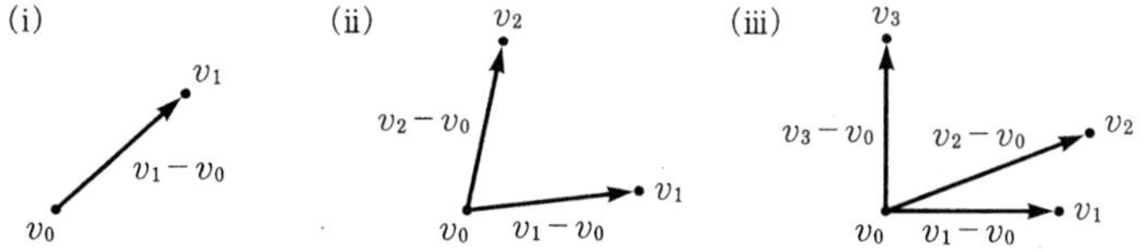

図5.1

上の例からもわかるように $v_0, v_1, \cdots, v_n$ が一般の位置にあれば，これらの点をほんのわずかに動かした点 $v_0', v_1', \cdots, v_n'$ もまた一般の位置にある．ほんのわずかに動かしただけでも，それらがもつ性質が変わるような特別な位置にはないという意味で「一般の位置にある」というのである．

一般の位置にある $n+1$ 個の点 $v_0, v_1, \cdots, v_n \in \boldsymbol{R}^m$ に対し，$\boldsymbol{R}^m$ の部分集合

$$\sigma = \left\{ x \in \boldsymbol{R}^m \;\middle|\; x = \sum_{i=0}^{n} \lambda_i v_i,\ \sum_{i=0}^{n} \lambda_i = 1,\ 0 \leq \lambda_i \in \boldsymbol{R} \right\}$$

を $v_0, v_1, \cdots, v_n$ を**頂点**とする n 次元**単体**あるいは n-**単体**といい，$\langle v_0, v_1, \cdots, v_n \rangle$ で表す．図5.2に示すように0-単体 $\langle v_0 \rangle$ は1点 v_0，1-単体 $\langle v_0, v_1 \rangle$ は v_0, v_1 を端点とする線分，2-単体 $\langle v_0, v_1, v_2 \rangle$ は v_0, v_1, v_2 を頂点とする3角形，3-単体 $\langle v_0, v_1, v_2, v_3 \rangle$ は v_0, v_1, v_2, v_3 を頂点とする4面体である．

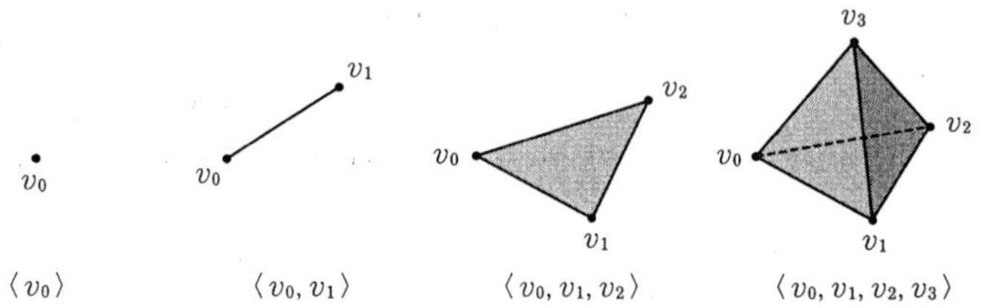

図 5.2

n-単体 $\sigma = \langle v_0, v_1, \cdots, v_n \rangle$ の任意の点 x は

$$(*) \qquad x = \sum_{i=0}^{n} \lambda_i v_i \qquad \left(\sum_{i=0}^{n} \lambda_i = 1, \ \lambda_i \geq 0 \right)$$

と表されるが，この表し方は一意的である．なぜならば，もう1つの表し方

$$(**) \qquad x = \sum_{i=0}^{n} \lambda_i' v_i \qquad \left(\sum_{i=0}^{n} \lambda_i' = 1, \ \lambda_i' \geq 0 \right)$$

があるとすれば，$(*)$, $(**)$ よりそれぞれ，

$$x - v_0 = \sum_{i=1}^{n} \lambda_i (v_i - v_0), \qquad x - v_0 = \sum_{i=1}^{n} \lambda_i' (v_i - v_0)$$

が得られる．これらを辺々引き算して

$$\sum_{i=1}^{n} (\lambda_i - \lambda_i')(v_i - v_0) = \mathbf{o}$$

となり，$v_1 - v_0$，$v_2 - v_0$，$\cdots$，$v_n - v_0$ の1次独立性より，$\lambda_1 = \lambda_1'$，$\lambda_2 = \lambda_2'$，$\cdots$，$\lambda_n = \lambda_n'$ が得られ，これより $\lambda_0 = \lambda_0'$ もいえる．

n-単体 σ の点 x に対して，等式 $(*)$ によって定まる $n+1$ 個の実数の組 $(\lambda_0, \lambda_1, \cdots, \lambda_n)$ を x の**重心座標**という．重心座標が

$$\left(\frac{1}{n+1}, \frac{1}{n+1}, \cdots, \frac{1}{n+1} \right)$$

である点を σ の**重心**といい，$b(\sigma)$ で表す．

例 5.1　σ が 1-単体と 2-単体の場合を下に示す．　◇

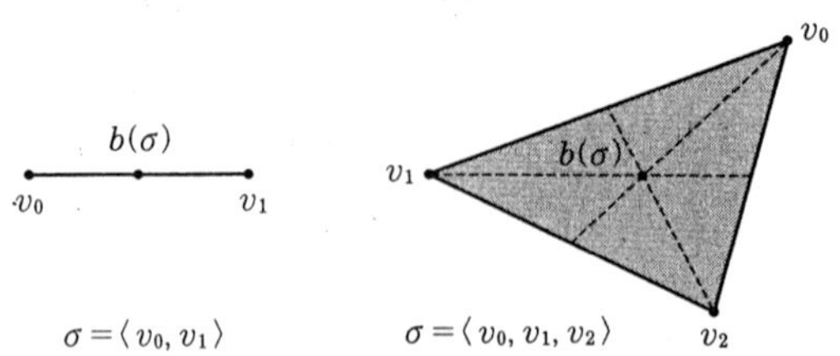

図 5.3

$v_0, v_1, \cdots, v_n$ が一般の位置にあれば，これらの中の $k+1$ 個($k \leq n$)の点 $v_{i_0}, v_{i_1}, \cdots, v_{i_k}$ もまた一般の位置にあることは明らかである．このとき k-単体 $\tau = \langle v_{i_0}, v_{i_1}, \cdots, v_{i_k} \rangle$ を n-単体 $\sigma = \langle v_0, v_1, \cdots, v_n \rangle$ の**辺単体**，あるいは次元を明示して ***k*-辺単体**といい，$\tau \leqq \sigma$ と表す．n-単体には $n+1$ 個の頂点があり，これらから $k+1$ 個の頂点を選ぶことで k-辺単体は定まる．1つの n-単体に対して，その k-辺単体は全部で $(n+1)!/\{(k+1)!(n-k)!\}$ 個ある．単体 σ は自分自身の辺単体であるが，σ よりほんとうに次元の低い辺単体 τ を**真の辺単体**といい，$\tau < \sigma$ と表す．σ の真の辺単体の和集合を $\dot{\sigma}$ で表し，σ の**境界**という．$\sigma - \dot{\sigma}$ を $\mathring{\sigma}$ で表し，σ の**内部**という．とくに σ が0-単体のときは，$\dot{\sigma} = \emptyset$，$\mathring{\sigma} = \sigma$ である．

$\boldsymbol{R}^m$ を1つ固定して考える．K を $\boldsymbol{R}^m$ の中の有限個の単体の集合とする．次の(i)，(ii)をみたすとき K は**複体**と呼ばれる：

（i） K に属する単体の辺単体はまた K に属する．すなわち

$$\sigma \in K,\ \tau \leqq \sigma \Longrightarrow \tau \in K.$$

（ii） K に属する2つの単体の共通部分は空集合であるか，または2つの単体の共通の辺単体である．すなわち，

$$\sigma, \tau \in K \Longrightarrow \sigma \cap \tau = \emptyset, \quad \text{または}\ \sigma \cap \tau \leqq \sigma,\ \sigma \cap \tau \leqq \tau.$$

例 5.2　2つの単体 σ, τ に対して，下図の(a)は上の条件(ii)をみたすが，(b)はみたさない．　◇

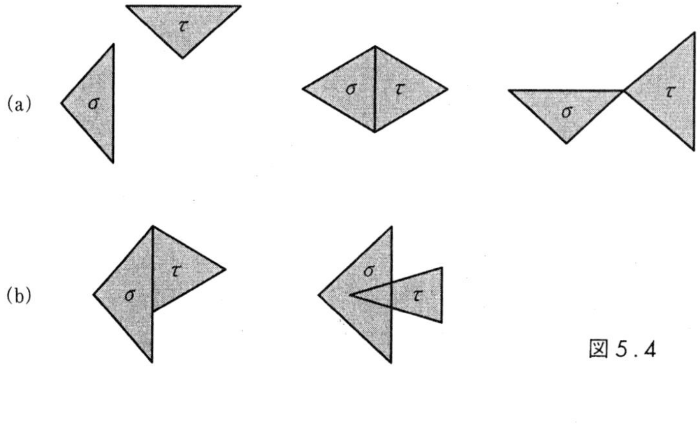

図 5.4

複体 K に属する単体の次元の最大値を K の**次元**といい，$\dim K$ で表す．

例 5.3　n-単体 σ を1つ固定して考える．σ の辺単体の全体を $K(\sigma)$ とすれば，これは n 次元複体である．σ の真の辺単体の全体を $K(\dot{\sigma})$ とすれば，これは $n-1$ 次元複体である．◇

例 5.4　K を複体とする．整数 $t \geq 0$ に対して，次元が t 以下の K の単体の全体を $K^{(t)}$ で表す．このとき $K^{(t)}$ もまた複体である．◇

複体 K の部分集合 L がまた複体であるとき，L を K の**部分複体**という．例 5.3 の $K(\dot{\sigma})$ は $K(\sigma)$ の部分複体，例 5.4 の $K^{(t)}$ は K の部分複体である．

複体 K に対して，

$$|K| = \bigcup_{\sigma \in K} \sigma$$

と定める．K は単体を元とする集合であるが，$|K|$ は $\boldsymbol{R}^m$ の部分集合である．

例 5.5　$|K(\sigma)| = \sigma$，$|K(\dot{\sigma})| = \dot{\sigma}$．◇

補題 5.1　任意の点 $x \in |K|$ に対して，$x \in \mathring{\sigma}$ となる単体 $\sigma \in K$ が1つだけ存在する．

[**証明**]　〈存在〉 x を含む K の単体の中で次元が一番低いものを σ とする．$x \in \dot{\sigma}$ ならば x は σ よりさらに低い次元の単体に属することになるので，$x \notin \dot{\sigma}$ すなわち $x \in \mathring{\sigma}$ である．

〈一意性〉 もう1つの単体 $\tau \in K$ に対しても $x \in \mathring{\tau}$ とすると $x \in \sigma \cap \tau$，したがって $\sigma \cap \tau \neq \emptyset$ であるから，複体の条件 (ii) より $\sigma \cap \tau$ は σ および τ の辺単体で，$x \in \sigma \cap \tau \leq \sigma$ である．ここで $\sigma \cap \tau$ が σ の真の辺単体ならば $x \in \mathring{\sigma}$ に矛盾するので，$\sigma \cap \tau = \sigma$ でなければならず $\sigma \leq \tau$ である．ここでまた σ が τ の真の辺単体ならば，$x \in \mathring{\tau}$ に矛盾するので $\sigma = \tau$ でなければならない．□

位相空間 X に対し，$|K| \approx X$ となる複体 K があるとき，X は**単体分割可能**といい，K を X の**単体分割**という．単体分割可能な X を**多面体**という．単体分割 K の次元を多面体 X の**次元**といい，$\dim X$ で表す．

例 5.6　σ を 2-単体とするとき，例 5.3 で考えた 1 次元複体 $K(\dot{\sigma})$ に対し，$|K(\dot{\sigma})|$ は例 5.5 でもみたように，σ の境界 $\dot{\sigma}$ である．図 5.5 はこの $|K(\dot{\sigma})|$ が 1 次元球面 S^1 に内接している図である．$\dot{\sigma}$ の内側のある 1 点から放射状に射影することで得られる写像を $f:|K(\dot{\sigma})|\to S^1$ とすれば，これは同相写像である．したがって S^1 は 1 次元多面体であり，$K(\dot{\sigma})$ がその単体分割を与える．ここでは図を書きやすくするために σ は 2-単体としたが，これと全く同様にして，一般に σ が n-単体であれば $n-1$ 次元複体 $K(\dot{\sigma})$ は $n-1$ 次元球面 S^{n-1} の単体分割を与える．　◇

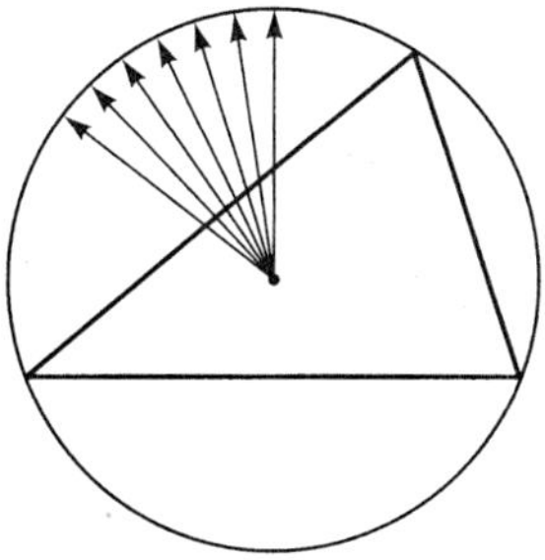

図 5.5

§2 で与えたいくつかの空間について単体分割を具体的に考えてみよう．まず円柱の展開図を図 5.6 のように単体で分割する．

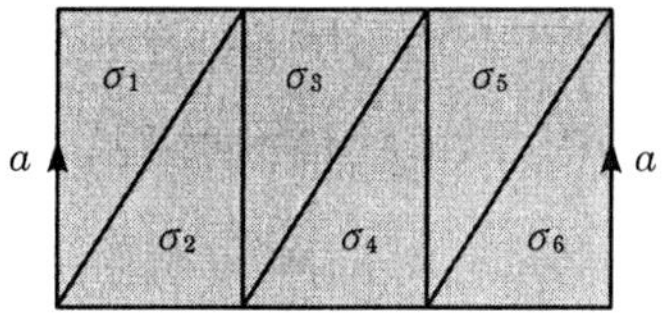

図 5.6

この図で与えた 2-単体 $\sigma_1, \sigma_2, \cdots, \sigma_6$ およびこれらのすべての辺単体の集合を K とすれば，この K は複体の条件 (i), (ii) をみたす．よってこの K は円柱の単体分割を与える．

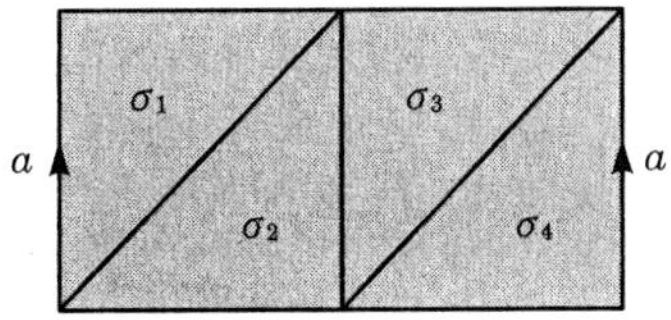

図 5.7

この K よりも単体の個数を少なくするために，図 5.7 のような分割を考えてみる．しかしこれは円柱の単体分割を与えない．なぜならば，$\sigma_1, \sigma_2, \sigma_3, \sigma_4$ およびそれらのすべての辺単体の集合を L とするとき，L は複体の条件

(i) はみたすが，(ii) はみたさないからである．例えば $\sigma_1 \cap \sigma_3$ は辺 a を貼り合わせた円柱においては 2 点であり，これは辺単体ではない．

メビウスの帯に関しては，図 5.6 において辺 a の貼り合わせ方が違うだけであるから，この図と同様の図がメビウスの帯の単体分割を与える．

トーラスの単体分割は次のようになる．

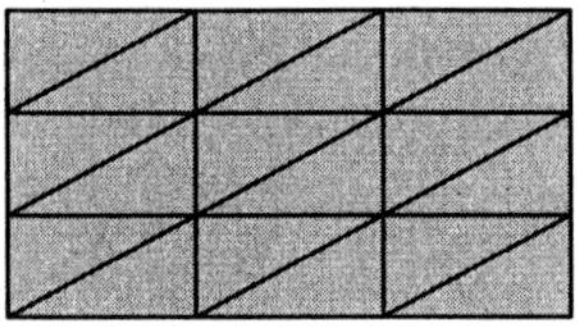

図 5.8

クラインの壺や射影平面に対しても上図と同様である．さらに次の図 5.9 もトーラスおよび射影平面の単体分割を与える．

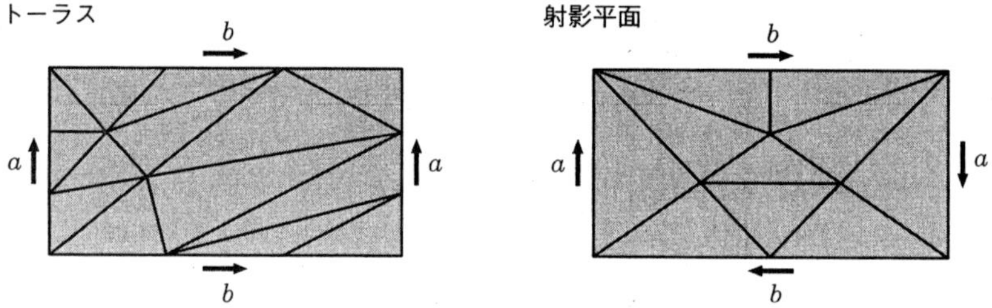

図 5.9

一般に単体分割においては単体の個数が少ないほど，なにかと都合がよい．図 5.8 の単体分割と比べて図 5.9 の方が単体の個数が少ないことに注意してほしい．トーラスと射影平面に対しては図 5.9 の単体分割が最も単体の個数の少ない分割である．このことは § 14 において示される．さらに球面の単体分割も例 5.6 の $K(\dot{\sigma})$ が最も単体の個数の少ない分割である．このことも § 14 で示される．

これまでいくつかの閉曲面の単体分割を考えたが，それらに限らず閉曲面はすべて単体分割可能である．したがって閉曲面は 2 次元多面体である．このことを次に定理として証明しよう．

定理 5.2　すべての閉曲面は単体分割可能である．

［**証明**］ $2n$ 角形の展開図の各辺を3分し，図5.10のような分割を考えればよい．図は $n=3$ の場合である．□

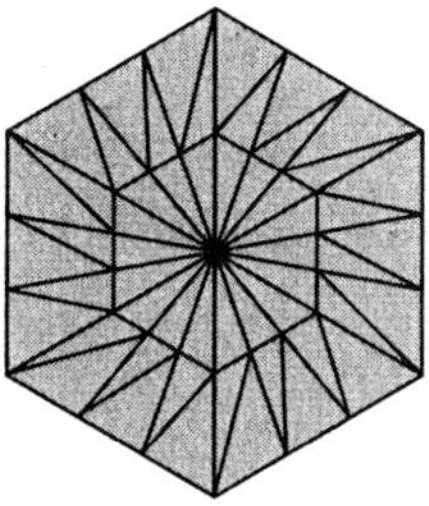

図5.10

練習問題 5

1. $\boldsymbol{R}^m$ の中の $n+1$ 個の点 $v_0, v_1, \cdots, v_n$ が一般の位置にあることと次のことは同値であることを示せ：

$$\sum_{i=0}^{n} \lambda_i v_i = \mathbf{o}, \quad \sum_{i=0}^{n} \lambda_i = 0, \quad \lambda_i \in \boldsymbol{R} \ (0 \leq i \leq n)$$

ならば $\lambda_i = 0 \ (0 \leq i \leq n)$．

2. n-単体 $\sigma = \langle v_0, v_1, \cdots, v_n \rangle$ に対して，τ がその辺単体であるとき，点 $x = \sum_{i=0}^{n} \lambda_i v_i \in \sigma$ に対して，$x \in \tau$，$v_j \notin \tau$ であれば $\lambda_j = 0$ であることを示せ．

3. n-単体 $\sigma = \langle v_0, v_1, \cdots, v_n \rangle$ の点 x の重心座標を $(\lambda_0, \lambda_1, \cdots, \lambda_n)$ とするとき，次のことを示せ：

(i) $x \in \dot{\sigma} \iff$ 少なくとも1つの $i \ (0 \leq i \leq n)$ に対して $\lambda_i = 0$，

(ii) $x \in \mathring{\sigma} \iff$ すべての $i \ (0 \leq i \leq n)$ に対して $\lambda_i > 0$．

4. $\boldsymbol{R}^m$ における複体 K_1, K_2 に対して，次のことを示せ：

(i) $K_1 \cap K_2$ は複体であるが，$|K_1 \cap K_2| = |K_1| \cap |K_2|$ は一般には正しくない．

(ii) $K_1 \cup K_2$ は複体になるとは限らない．もし複体になる場合には $|K_1 \cup K_2| = |K_1| \cup |K_2|$ も正しい．

§ 6. 重心細分

前節でも述べたように多面体の単体分割の仕方は1通りではない．というより無限に多くの分割の仕方があるという方が正確である．この節では与えられた単体分割から，さらにこれらを細かく分割する標準的な方法である重心細分について解説する．

$\boldsymbol{R}^m$ において2点 p, q を端点とする線分 $\{(1-t)p+tq \mid 0 \leq t \leq 1\}$ を $[p, q]$ と書くことにする．p を固定し，q をある部分集合 X のすべての点を動かすとき，$[p, q]$ の和集合

$$\bigcup_{q \in X} [p, q]$$

を $p * X$ で表し，p と X の結(けつ)という．とくに X が $\emptyset$ のときは，$p * \emptyset = p$ と定める．

例 6.1 (i) $v_0, v_1, \cdots, v_n \in \boldsymbol{R}^m$ が一般の位置にあるとき，

$$v_0 * \langle v_1, \cdots, v_n \rangle = \langle v_0, v_1, \cdots, v_n \rangle.$$

(ii) 単体 σ に対して，前節で定義した通りその重心を $b(\sigma)$ で表すとき，

$$b(\sigma) * \dot{\sigma} = \sigma.$$

◇

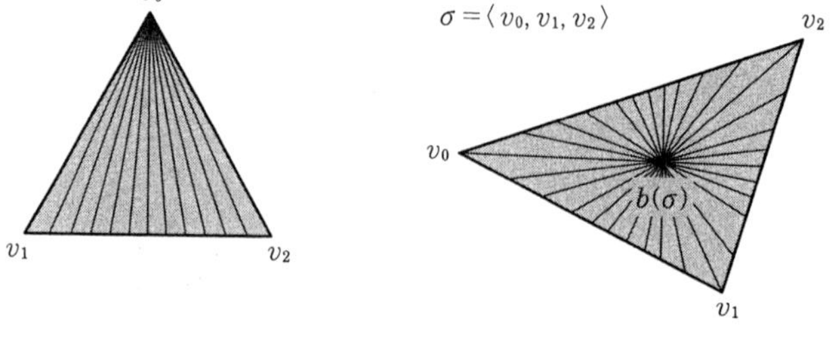

図 6.1

前節の例 5.3, 5.5 でも述べたように，n-単体 $\sigma = \langle v_0, v_1, \cdots, v_n \rangle$ のすべての辺単体の集合を $K(\sigma)$ とすれば，これは複体である．$|K(\sigma)| = \sigma$ であるから，σ は多面体であり $K(\sigma)$ がその単体分割である．まず，この $K(\sigma)$ の細分について考えよう．

n-単体 $\sigma = \langle v_0, v_1, \cdots, v_n \rangle$ の辺単体 $\sigma_0, \sigma_1, \cdots, \sigma_k$ $(k \leq n)$ で

$$\sigma_0 < \sigma_1 < \cdots < \sigma_k$$

となっているものを考える．すなわち各 σ_i は σ_{i+1} の真の辺単体になっている．これらの辺単体の重心について次のことがいえる．

補題 6.1　$b(\sigma_0), b(\sigma_1), \cdots, b(\sigma_k)$ は一般の位置にある．

[**証明**]　$k=0$ ならば自明である．$k=1$ のときも，$b(\sigma_1)-b(\sigma_0) \neq \mathbf{o}$ であるから，ほとんど自明である．一般には帰納法を使って示される．いま，$1 \leq i < k$ なる i に対して，$b(\sigma_0), b(\sigma_1), \cdots, b(\sigma_i)$ が一般の位置にあるとする．すなわち，i 個のベクトル $b(\sigma_1)-b(\sigma_0)$，$b(\sigma_2)-b(\sigma_0)$，$\cdots$，$b(\sigma_i)-b(\sigma_0)$ が1次独立であるとする．これらの i 個のベクトルはすべて σ_i 上にあるが，$b(\sigma_{i+1})-b(\sigma_0)$ は σ_i 上にはない．したがって，$b(\sigma_1)-b(\sigma_0)$，$\cdots$，$b(\sigma_i)-b(\sigma_0)$，$b(\sigma_{i+1})-b(\sigma_0)$ は1次独立，すなわち $b(\sigma_0), \cdots, b(\sigma_i), b(\sigma_{i+1})$ は一般の位置にある．　□

上の補題より単体 $\langle b(\sigma_0), b(\sigma_1), \cdots, b(\sigma_k) \rangle$ が定まる．

例 6.2　2-単体 $\langle v_0, v_1, v_2 \rangle$ およびその辺単体 $\langle v_0, v_1 \rangle$，$\langle v_0, v_2 \rangle$，$\langle v_1, v_2 \rangle$ の重心をそれぞれ b, b_1, b_2, b_3 とすると，これらは図6.2のようになる．辺単体の列

$$\langle v_0 \rangle < \langle v_0, v_1 \rangle < \langle v_0, v_1, v_2 \rangle$$

のそれぞれの重心 v_0, b_1, b より定まる単体 $\langle v_0, b_1, b \rangle$ は図の濃墨の部分である．また，列

$$\langle v_0, v_2 \rangle < \langle v_0, v_1, v_2 \rangle$$

から定まる単体 $\langle b_2, b \rangle$ は図の太線部分である．　◇

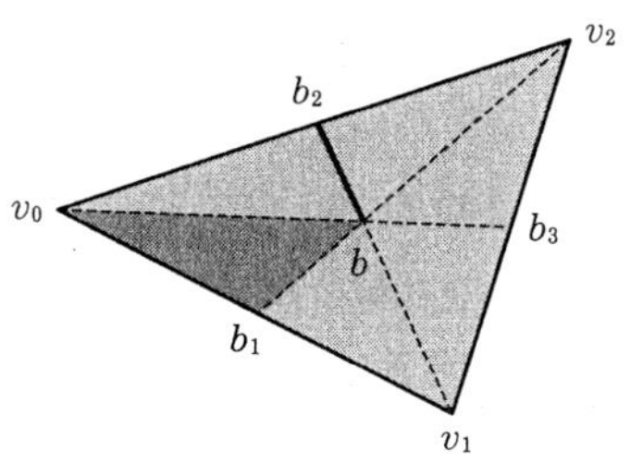

図6.2

n-単体 σ に対して，

$$\sigma_0 < \sigma_1 < \cdots < \sigma_k \qquad (k \leq n)$$

となる辺単体の列をすべて考え，それらの重心より定まる単体 $\langle b(\sigma_0), b(\sigma_1), \cdots, b(\sigma_k) \rangle$ のすべての集合を $Sd(\sigma)$ で表す．これはこれから証明する補題 6.2 により，σ の単体分割である．

補題 6.2 $Sd(\sigma)$ は複体であり，さらに $|Sd(\sigma)| = \sigma$ である．

［**証明**］ まず $Sd(\sigma)$ が複体であることを示そう．$Sd(\sigma)$ が複体の条件 (i) をみたすことは容易であろう．(ii) をみたすことを σ の次元に関する帰納法によって確かめてみよう．$\dim \sigma = 0$ のときは，自明である．$\dim \sigma \leq i-1$ なる σ に対しては (ii) をみたすとして，$\dim \sigma = i$ とする．$\tau, \tau' \in Sd(\sigma)$ に対して，

$$\tau = \langle b(\sigma_0), b(\sigma_1), \cdots, b(\sigma_r) \rangle \qquad (\sigma_0 < \sigma_1 < \cdots < \sigma_r \leq \sigma),$$
$$\tau' = \langle b(\sigma_0'), b(\sigma_1'), \cdots, b(\sigma_s') \rangle \qquad (\sigma_0' < \sigma_1' < \cdots < \sigma_s' \leq \sigma)$$

とする．$\tau \cap \tau' = \emptyset$ ならばそれでよいので，以下 $\tau \cap \tau' \neq \emptyset$ とする．$\rho = \sigma_r \cap \sigma_s'$ とすれば，$\rho \leq \sigma$ である．さらに $\tau \cap \tau' = (\tau \cap \rho) \cap (\tau' \cap \rho)$ で，$\tau \cap \rho \leq \tau$, $\tau' \cap \rho \leq \tau'$ である．$\tau \cap \rho$, $\tau' \cap \rho \in Sd(\rho)$ であるので，$\dim \rho \leq i-1$ ならば帰納法の仮定より，$\tau \cap \tau'$ は τ および τ' の共通の辺単体であることがわかる．$\dim \rho = i$ ならば，$\sigma_r = \sigma$, $\sigma_s' = \sigma$ でなければならない．このとき，

$$\bar{\tau} = \langle b(\sigma_0), b(\sigma_1), \cdots, b(\sigma_{r-1}) \rangle,$$
$$\bar{\tau}' = \langle b(\sigma_0'), b(\sigma_1'), \cdots, b(\sigma_{s-1}') \rangle$$

とすれば，$\tau \cap \tau' = b(\sigma) * (\bar{\tau} \cap \bar{\tau}')$ となる．上述と同様にして帰納法の仮定を使って，$\bar{\tau} \cap \bar{\tau}'$ は空集合かまたは $\bar{\tau}$ および $\bar{\tau}'$ の共通の辺単体であることがわかる．したがって $\tau \cap \tau'$ は τ および τ' の共通の辺単体である．以上で $Sd(\sigma)$ が複体であることがわかった．

次に $|Sd(\sigma)| = \sigma$ であることを示そう．これも σ の次元に関する帰納法を使う．帰納法を使う際は多くの場合がそうであるが，その出発点は自明である．この場合も $\dim \sigma = 0$ のときは，全く自明である．$\dim \sigma \leq i-1$ のとき $|Sd(\sigma)| = \sigma$ は正しいとして，$\dim \sigma = i$ のときを考える．σ の任意の真の辺単体 ρ に対して，帰納法の仮定より $|Sd(\rho)| = \rho$ である．

$$\sigma = b(\sigma) * \dot{\sigma} = b(\sigma) * \bigcup_{\rho<\sigma} \rho$$

であるから，

$$\sigma = b(\sigma) * \bigcup_{\rho<\sigma} |Sd(\rho)| = \bigcup_{\rho<\sigma} (b(\sigma) * |Sd(\rho)|) = |Sd(\sigma)|. \qquad \square$$

複体 K のすべての単体 σ に対して $Sd(\sigma)$ を考え，これらの和集合

$$Sd(K) = \bigcup_{\sigma \in K} Sd(\sigma)$$

を複体 K の**重心細分**という．これまでの議論から次の定理は容易であろう．

定理 6.3 複体 K に対してその重心細分 $Sd(K)$ もまた複体であり，$|Sd(K)| = |K|$ である．

与えられた複体 K からその重心細分 $Sd(K)$ を得た．この $Sd(K)$ も複体であるから，これをさらに重心細分して $Sd(Sd(K))$ が得られる．これは K を 2 回重心細分したものであるから，$Sd^2(K)$ と表すことにしよう．一般に K を r 回重心細分して得られる複体を $Sd^r(K)$ と表すことにする．定理 6.3 より $Sd^r(K)$ も複体で，$|Sd^r(K)| = |K|$ である．

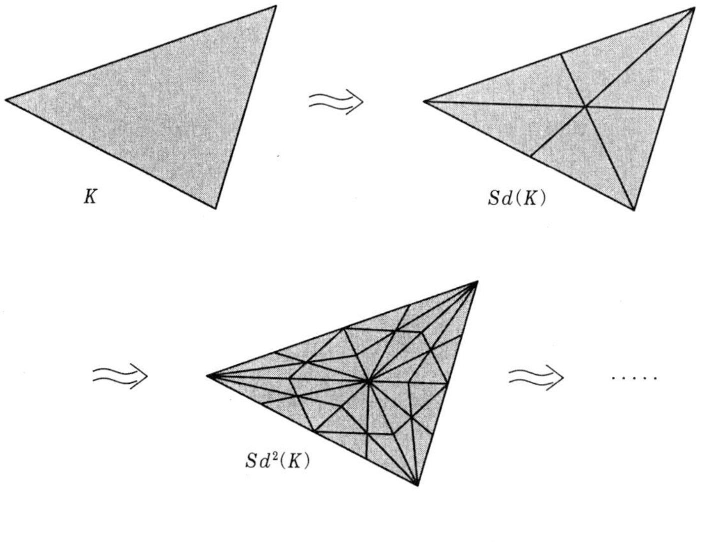

図 6.3

重心細分をするたびに1つずつの単体はだんだん小さくなっていく．網の目が小さくなっていく様子が，図6.3からもわかるであろう．この網の目についての考察を以下に行う．

§1でも定義したようにユークリッド空間 $\boldsymbol{R}^m$ の点 $x=(x_1, x_2, \cdots, x_m)$ に対して，

$$\|x\| = \sqrt{x_1^2 + x_2^2 + \cdots + x_m^2}$$

とする．また，x ともう1点 $y=(y_1, y_2, \cdots, y_m)$ に対して，

$$d(x, y) = \sqrt{(x_1 - y_1)^2 + (x_2 - y_2)^2 + \cdots + (x_m - y_m)^2}$$

とする．前節でも述べたが，これは2点 x と y の間の距離である．$d(x, y) = \|x - y\|$ であることに注意しておこう．

部分集合 $A \subset \boldsymbol{R}^m$ に対して，

$$d(A) = \sup\{\, d(x, y) \mid x, y \in A \,\}$$

と定め，これを A の**直径**という．すなわち A の直径とは，A の任意の2点間の距離の上限のことである．

複体 K の各単体 σ は1つのユークリッド空間の部分集合であるから，その直径 $d(\sigma)$ が上の定義より定まる．σ はコンパクトであるから，老婆心ながら

$$d(\sigma) = \max\{\, d(x, y) \mid x, y \in \sigma \,\}$$

であることに注意してほしい．そして，

$$\mathrm{mesh}(K) = \max\{\, d(\sigma) \mid \sigma \in K \,\}$$

と定義する．K は有限個の単体の集合であるから $\{\, d(\sigma) \mid \sigma \in K \,\}$ の最大値は当然存在する．

K の重心細分を繰り返すたびに $\mathrm{mesh}(K)$ がだんだん小さくなっていく様子を前頁の図で視覚的にとらえた．重心細分という標準的な方法によって網の目を小さくすることができる．どれくらい小さくなるかは複体の次元に関係するが，何度も重心細分を行うことによって網の目の大きさは限りなく0に近づいていく．このことを述べたのが次の定理である．

定理 6.4　複体 K の次元を k とするとき，

$$\mathrm{mesh}(Sd(K)) \leq \frac{k}{k+1}\mathrm{mesh}(K)$$

である．さらに

$$\lim_{r\to\infty}\mathrm{mesh}(Sd^r(K)) = 0$$

となる．

この定理の証明のために，まず次の補題を証明しよう．

補題 6.5　次元が1以上の単体 $\sigma = \langle v_0, v_1, \cdots, v_n\rangle$ に対して，$d(\sigma) = d(v_i, v_j)$ となる頂点 v_i, v_j が存在する．したがって，σ の直径は最大の 1-辺単体の長さに等しい．

［**証明**］　$x \in \sigma$ に対し，

$$x = \sum_{i=0}^{n}\lambda_i v_i, \qquad \sum_{i=0}^{n}\lambda_i = 1,\ 0 \leq \lambda_i$$

とする．もう1点 $y \in \sigma$ に対し，

$$\begin{aligned} d(x, y) &= \left\| \sum_{i=0}^{n}\lambda_i v_i - \left(\sum_{i=0}^{n}\lambda_i\right)y \right\| = \left\| \sum_{i=0}^{n}\lambda_i (v_i - y) \right\| \\ &\leq \sum_{i=0}^{n}\lambda_i \|v_i - y\| \leq \left(\sum_{i=0}^{n}\lambda_i\right)\max\{\|v_i - y\| \mid 0 \leq i \leq n\} \\ &= \max\{\|v_i - y\| \mid 0 \leq i \leq n\}. \end{aligned}$$

すなわち

$$(*) \qquad d(x, y) \leq \max\{d(v_i, y) \mid 0 \leq i \leq n\}$$

が得られる．$d(v_i, y)$ $(= d(y, v_i))$ に対して，上と同じ議論を適用して，

$$d(v_i, y) \leq \max\{d(v_i, v_j) \mid 0 \leq j \leq n\}$$

が得られる．したがって，任意の2点 $x, y \in \sigma$ に対して，

$$d(x, y) \leq \max\{d(v_i, v_j) \mid 0 \leq i, j \leq n\}$$

である．よって，

$$d(\sigma) = \max\{d(x, y) \mid x, y \in \sigma\} = \max\{d(v_i, v_j) \mid 0 \leq i, j \leq n\}$$

であるから補題が得られる．　□

補題6.5を使って，定理6.4が次のように証明される．

［**定理6.4の証明**］ まず

$$\mathrm{mesh}(Sd(K)) \leq \frac{k}{k+1}\mathrm{mesh}(K)$$

であることを証明しよう．任意の単体 $\tau \in Sd(K)$ に対して，$\tau \in Sd(\sigma)$ となる単体 $\sigma \in K$ がある．$\sigma = \langle v_0, v_1, \cdots, v_n \rangle$ とすれば，$n \leq k$ である．補題6.5より，τ の頂点 u, u' があって，$d(\tau) = d(u, u')$ となる．u および u' は σ の辺単体の重心であるから，

$$u = \frac{1}{s+1}\sum_{i=0}^{s} v_i, \qquad u' = \frac{1}{t+1}\sum_{i=0}^{t} v_i \qquad (t < s \leq n)$$

と表される．（ただし，ここで σ の頂点の添字の番号は適当に付け替えておかねばならない．） 補題6.5の証明の中で示された（∗）によって，$d(u, u') \leq d(u, v_h)$ となる頂点 v_h $(0 \leq h \leq s)$ がある．以上によって，

$$d(\tau) = d(u, u') \leq d(u, v_h) = \left\| \left(\frac{1}{s+1}\sum_{i=0}^{s} v_i \right) - v_h \right\|.$$

これよりさらに

$$\begin{aligned} d(\tau) &\leq \frac{1}{s+1}\sum_{i=0}^{s} \| v_i - v_h \| \\ &\leq \frac{s}{s+1}\max\{ d(v_i, v_h) \mid 0 \leq i \leq s \} \end{aligned}$$

を得る．$s \leq k$，$\max\{ d(v_i, v_h) \mid 0 \leq i \leq h \} \leq d(\sigma)$ であるから，

$$d(\tau) \leq \frac{k}{k+1} d(\sigma) \leq \frac{k}{k+1}\mathrm{mesh}(K)$$

を得る．これは $Sd(K)$ の任意の単体 τ に対していえるのであるから，

$$\mathrm{mesh}(Sd(K)) \leq \frac{k}{k+1}\mathrm{mesh}(K)$$

である．このことを繰り返せば，

$$\mathrm{mesh}(Sd^r(K)) \leq \left(\frac{k}{k+1}\right)^r \mathrm{mesh}(K)$$

が得られる．$\displaystyle\lim_{r\to\infty}\left(\frac{k}{k+1}\right)^r = 0$ であるから定理が得られる． □

練習問題 6

1. 複体 K の 2 つの単体 σ, τ に対して，$\sigma \cap \tau \neq \emptyset$ とする．このとき，

$$Sd(\sigma \cap \tau) = Sd(\sigma) \cap Sd(\tau)$$

であることを示せ．

2. σ を n-単体とするとき，$Sd(\sigma)$ における n-単体の個数を求めよ．

3. n-単体 $\sigma = \langle v_0, v_1, \cdots, v_n \rangle$ に対して，その辺単体 σ_j を

$$\sigma_j = \langle v_0, v_1, \cdots, v_j \rangle \qquad (0 \leq j \leq n)$$

として，n-単体 $\tau = \langle b(\sigma_0), b(\sigma_1), \cdots, b(\sigma_n) \rangle$ を考える．このとき，

$$\tau = \left\{ \sum_{i=0}^{n} \lambda_i v_i \;\middle|\; \lambda_0 \geq \lambda_1 \geq \cdots \geq \lambda_n \geq 0,\ \ \sum_{i=0}^{n} \lambda_i = 1 \right\}$$

であることを示せ．

4. n-単体 σ およびその辺単体 σ_j を問 **3** と同様とする．単体 σ_j の重心は単体 $\langle b(\sigma_{j-1}), v_j \rangle$ 上にあることを示せ．

§ 7. 鎖群とホモロジー群

v_0, v_1, v_2 を頂点とする 2-単体 σ について考えてみる．この単体は下記のように 6 つの表し方で表すことができる：

（i） $\langle v_0, v_1, v_2\rangle$, $\langle v_1, v_2, v_0\rangle$, $\langle v_2, v_0, v_1\rangle$,

（ii） $\langle v_0, v_2, v_1\rangle$, $\langle v_2, v_1, v_0\rangle$, $\langle v_1, v_0, v_2\rangle$.

上の 6 つの単体はいずれも σ であり，単体としての σ の表し方は頂点の並べ方にはよらない．

n-単体に“向き”という概念を与えよう．それは頂点の並べ方によって与えられ，$n \geq 1$ であれば 1 つの単体に対して 2 種類の向きが定義される．この定義のためにはまず“置換”という概念が必要である．これは線形代数の講義において行列式を定義するときにでてくるので，読者は既にこのことを知っていると思う．例えば，$n+1$ 個の数字 $\{0, 1, \cdots, n\}$ の**置換**とは，全単射 $s : \{0, 1, \cdots, n\} \to \{0, 1, \cdots, n\}$ のことである．この置換を

$$\begin{pmatrix} 0 & 1 & \cdots & n \\ s(0) & s(1) & \cdots & s(n) \end{pmatrix}$$

と表す．$0, 1, \cdots, n$ と並べられた $n+1$ 個の数字を $s(0), s(1), \cdots, s(n)$ と並べ換える，すなわち置き換えるという意味である．2 つの数字のみを互いに入れ換え，他の数字は換えない置換を**互換**という．任意の置換は何個かの互換の積（= 合成）に分解される．このとき，偶数個の互換の積に分解される置換を**偶置換**，奇数個の互換の積に分解される置換を**奇置換**と呼ぶ．これらのことは線形代数の講義をまじめに受講した読者ならば当然知っていることである．もしもこれらのことに不確かな読者がいるとすれば，線形代数の教科書などでもう一度復習していただきたい．

さて，一般に $v_0, v_1, \cdots, v_n$ を頂点とする n-単体 σ の**向き**が次のように定義される．

頂点 $v_0, v_1, \cdots, v_n$ を $\langle v_{i_0}, v_{i_1}, \cdots, v_{i_n}\rangle$ と並べることで与えられる σ の向きと，$\langle v_{j_0}, v_{j_1}, \cdots, v_{j_n}\rangle$ と並べることで与えられる向きは，置換

$$\begin{pmatrix} i_0 & i_1 & \cdots & i_n \\ j_0 & j_1 & \cdots & j_n \end{pmatrix}$$

が偶置換のときに同じ向きであると定義し，奇置換のときに逆の向きであると定義する．

冒頭の 2-単体に対していうと，

$$\begin{pmatrix} 0 & 1 & 2 \\ 1 & 2 & 0 \end{pmatrix}, \qquad \begin{pmatrix} 1 & 2 & 0 \\ 2 & 0 & 1 \end{pmatrix}$$

などはいずれも偶置換であるから，(i) にある 3 通りの並べ方が与える向きはすべて同じ向きである．また，

$$\begin{pmatrix} 0 & 2 & 1 \\ 2 & 1 & 0 \end{pmatrix}, \qquad \begin{pmatrix} 2 & 1 & 0 \\ 1 & 0 & 2 \end{pmatrix}$$

なども偶置換であるから，(ii) にある 3 通りの並べ方が与える向きも互いに同じ向きである．しかし，

$$\begin{pmatrix} 0 & 1 & 2 \\ 0 & 2 & 1 \end{pmatrix}$$

は奇置換であるから，(i) の向きと (ii) の向きは逆の向きである．このことは 2-単体に対してはその向きを次のようにとらえればよいことを示している．並べられた頂点の順番に 3 角形の辺を 1 周するとき，それが左回りになるか，右回りになるかが 2-単体の向きである．(i) の場合はいずれも図 7.1 の左図のようになるし，(ii) の場合は右図のようになる．

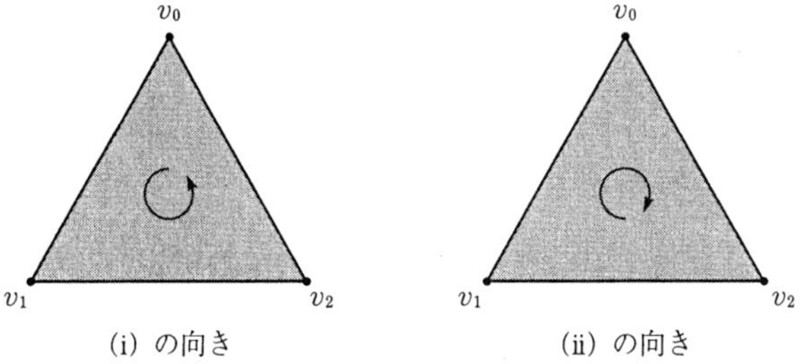

図 7.1

1-単体や3-単体に対しても，その向きを図7.2のように視覚的にとらえることができる．1-単体の向きはいわゆる矢印の向き，3-単体の向きは螺旋(あるいはネジ山)の向きである．

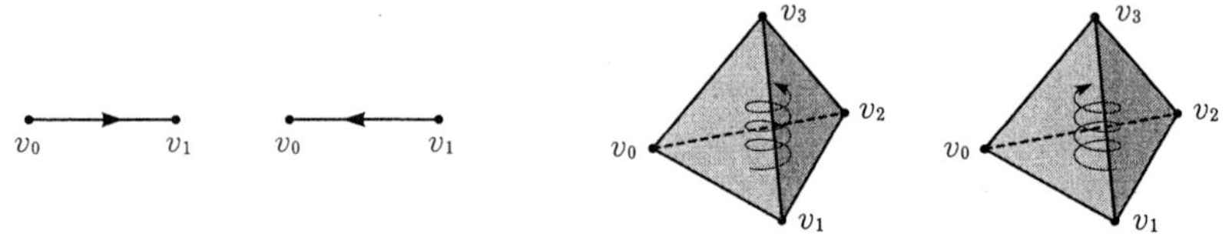

$\langle v_0, v_1\rangle$　$\langle v_1, v_0\rangle$　$\langle v_0, v_1, v_2, v_3\rangle$　$\langle v_1, v_0, v_2, v_3\rangle$

図7.2

さてここで読者は，それでは0-単体の向きはどうなるのだろうかと思うに違いない．0-単体は頂点が1個だけであるから，頂点の並べ方といってもそれは1通りしかない．したがって0-単体の向きはただ1つだけである．

単体 σ に向きが1つ与えられているとき，その単体を**有向単体**という．有向単体 σ に対して，その向きとは逆の向きを与えた有向単体を $-\sigma$ で表すことにする．例えば，$\langle v_0, v_1, v_2\rangle = -\langle v_1, v_0, v_2\rangle$ である．

以下，複体 K の単体はすべて有向単体であるとする．各単体への向きの与え方は任意でよい．複体 K と $0 \leq p \leq \dim K$ なる整数 p に対して，K の有向 p-単体の全体を $\sigma_1, \sigma_2, \cdots, \sigma_r$ とする．整数 n_i $(1 \leq i \leq r)$ を係数とする形式的な和

$$\sum_{i=1}^{r} n_i\sigma_i = n_1\sigma_1 + n_2\sigma_2 + \cdots + n_r\sigma_r$$

の全体を $C_p(K)$ で表す．すなわち，

$$C_p(K) = \left\{ \sum_{i=1}^{r} n_i\sigma_i \;\middle|\; n_i \in \boldsymbol{Z} \;\; (1 \leq i \leq r) \right\},$$

ここに $\boldsymbol{Z}$ は整数の全体である．$C_p(K)$ の2つの元 $c = \sum_{i=1}^{r} n_i\sigma_i$，$c' = \sum_{i=1}^{r} n'_i\sigma_i$ に対して，それらの和を

$$c + c' = \sum_{i=1}^{r} (n_i + n'_i)\sigma_i$$

と定義することにより，$C_p(K)$ はアーベル群になる．$C_p(K)$ の単位元(す

なわち零元）0は，$0=\sum_{i=1}^{r} 0\sigma_i$ であり，$c=\sum_{i=1}^{r} n_i\sigma_i$ に対して，その逆元 $-c$ は，$-c=\sum_{i=1}^{r}(-n_i)\sigma_i$ である．$\sum_{i=1}^{r} n_i\sigma_i$ において係数が0の項は省略して表すことも多い．例えば n_1 以外の係数がすべて0ならば，$\sum_{i=1}^{r} n_i\sigma_i$ は $n_1\sigma_1$ と表される．

以下，K の有向 p-単体 σ と $C_p(K)$ の元としての 1σ を同一視して考えることにする．σ とは逆の向きをもった有向 p-単体 $-\sigma$ と $C_p(K)$ の元としての -1σ も同一視することにする．

ここまでは $0\leq p\leq \dim K$ なる整数 p に対して $C_p(K)$ を定義したが，便宜上すべての整数 p に対して $C_p(K)$ を定義しておきたい．$p<0$ あるいは $\dim K<p$ なる p に対しては，$C_p(K)=0$，すなわち $C_p(K)$ は単位元のみよりなる群であると定める．$C_p(K)$ を K の p 次元**鎖群**といい，その元を ***p*-鎖**という．

ここで少しだけ代数学の基本的事項を復習しておこう．2つの群 G, G' が与えられ，これらの間に準同形写像 $\alpha: G\to G'$ および $\beta: G'\to G$ があって，$\alpha\circ\beta=\mathrm{id}_{G'}$, $\beta\circ\alpha=\mathrm{id}_G$ をみたすとき，α および β は**同形写像**と呼ばれる．G と G' の間に同形写像が存在するとき，G と G' は**同形**であるといい，$G\cong G'$ と表す．同形な2つの群は全く同一の代数的構造をもつ．したがって $G\cong G'$ のとき，$G=G'$ と書くことも多い．このことは§1で述べた位相空間に対する“同相”の概念に対応する代数的概念である．

整数の全体 $\boldsymbol{Z}$ は最も典型的な群の1つである．この本のすべての読者は，$\boldsymbol{Z}$ は加法によりアーベル群になることを知っているに違いない．上で述べたように複体 K の p-単体の個数を r とするとき，$C_p(K)$ は r 個の $\boldsymbol{Z}$ の直和 $\boldsymbol{Z}\oplus\cdots\oplus\boldsymbol{Z}$ と同形である．

次に任意の整数 p に対して，**境界準同形写像**と呼ばれる準同形写像 ∂_p: $C_p(K)\to C_{p-1}(K)$ を定義したい．当然のことながら，$p\leq 0$ あるいは $\dim K<p$ なる p に対しては，$\partial_p=0$，すなわち ∂_p は零写像であると定義する．$0<p\leq\dim K$ なる p に対しては次のように定義される．

有向 p-単体 $\sigma = \langle v_0, v_1, \cdots, v_p \rangle$ に対して，$(p-1)$-鎖 $\partial_p(\sigma)$ を

$$\partial_p(\sigma) = \partial_p(\langle v_0, v_1, \cdots, v_p \rangle) = \sum_{i=0}^{p} (-1)^i \langle v_0, \cdots, \check{v}_i, \cdots, v_p \rangle$$

と定める．ここに，$\check{v}_i$ は v_i を除くという意味である．すなわち，

$$\langle v_0, \cdots, \check{v}_i, \cdots, v_p \rangle = \langle v_0, \cdots, v_{i-1}, v_{i+1}, \cdots, v_p \rangle.$$

さらに，任意の p-鎖 $c = \sum_{i=1}^{r} n_i \sigma_i$ に対して，$(p-1)$-鎖 $\partial_p(c)$ を

$$\partial_p(c) = \sum_{i=1}^{r} n_i \partial_p(\sigma_i)$$

と定めることにより，準同形写像 $\partial_p : C_p(K) \to C_{p-1}(K)$ が得られる．

上記において K のすべての単体には向きが与えられているとした．これは境界準同形写像 ∂_p の定義において，各単体の頂点の順番が必要だったからである．K の単体に逆の向きを与えたとしても，本質的には全く同様の定義が得られる．

以上によって任意の整数 p に対して，鎖群 $C_p(K)$ と境界準同形写像 ∂_p : $C_p(K) \to C_{p-1}(K)$ が定義された．これらより次のような系列が得られる：

$$\cdots \xrightarrow{\partial_{p+1}} C_p(K) \xrightarrow{\partial_p} C_{p-1}(K) \xrightarrow{\partial_{p-1}} C_{p-2}(K) \xrightarrow{\partial_{p-2}} \cdots.$$

補題 7.1 任意の整数 p に対して，境界準同形写像を 2 回続けた写像

$$\partial_{p-1} \circ \partial_p : C_p(K) \to C_{p-2}(K)$$

は零写像である．すなわち，任意の $c \in C_p(K)$ に対して，$\partial_{p-1}(\partial_p(c)) = 0$ である．

［**証明**］ $p \leq 1$ または $\dim K < p$ であれば明らかである．よって以下，$2 \leq p \leq \dim K$ とする．$c = \sum_{i=1}^{r} n_i \sigma_i$ とすれば

$$\partial_{p-1}(\partial_p(c)) = \sum_{i=1}^{r} n_i \partial_{p-1}(\partial_p(\sigma_i))$$

であるから，補題を証明するためには，任意の有向 p-単体 $\sigma = \langle v_0, v_1, \cdots, v_p \rangle$ に対して，$\partial_{p-1}(\partial_p(\sigma)) = 0$ を示せば十分である．定義より

$$\partial_p(\sigma) = \sum_{i=0}^{p} (-1)^i \langle v_0, \cdots, \check{v}_i, \cdots, v_p \rangle$$

であるから

$$\begin{aligned}\partial_{p-1}(\partial_p(\sigma)) &= \sum_{i=0}^{p}(-1)^i\partial_{p-1}(\langle v_0, \cdots, \check{v}_i, \cdots, v_p\rangle)\\ &= \sum_{i=0}^{p}(-1)^i\left\{\sum_{j=0}^{i-1}(-1)^j\langle v_0, \cdots, \check{v}_j, \cdots, \check{v}_i, \cdots, v_p\rangle\right.\\ &\qquad\left.+\sum_{j=i+1}^{p}(-1)^{j-1}\langle v_0, \cdots, \check{v}_i, \cdots, \check{v}_j, \cdots, v_p\rangle\right\}\\ &= \sum_{i\neq j}\{(-1)^{i+j}+(-1)^{i+j-1}\}\langle v_0, \cdots, \check{v}_i, \cdots, \check{v}_j, \cdots, v_p\rangle\\ &= 0.\end{aligned}$$

以上によって補題は示された. □

$C_p(K)$ の部分群 $Z_p(K)$ と $B_p(K)$ を次のように定義する：

$Z_p(K) = \mathrm{Ker}\,\partial_p = \{ c \in C_p(K) \mid \partial_p(c) = 0\}$,

$B_p(K) = \mathrm{Im}\,\partial_{p+1} = \{ c \in C_p(K) \mid \exists\, d \in C_{p+1}(K) : \partial_{p+1}(d) = c\}$.

すなわち, $Z_p(K)$ は ∂_p の核(Kernel), $B_p(K)$ は ∂_{p+1} の像(Image)である.

問 7.1 $Z_p(K)$ および $B_p(K)$ が $C_p(K)$ の部分群であることを示せ.

$Z_p(K)$ を K の p 次元**輪体群**, その元を ***p*-輪体**, $B_p(K)$ を K の p 次元**境界輪体群**, その元を ***p*-境界輪体**という.

補題 7.2 $B_p(K)$ は $Z_p(K)$ の部分群である.

[**証明**] $B_p(K) \subset Z_p(K)$ であることを示せばよい. $b \in B_p(K)$ を任意の元とする. $C_{p+1}(K)$ の元 c で $\partial_{p+1}(c) = b$ となるものがある. このとき補題7.1より, $\partial_p(b) = \partial_p(\partial_{p+1}(c)) = 0$ であるから, $b \in Z_p(K)$. よって $B_p(K) \subset Z_p(K)$ である. □

次に複体 K のホモロジー群 $H_p(K)$ を定義したい. このためには代数学における剰余群あるいは商群と呼ばれる概念が必要である. このことについては本書の読者は既に修得していることと思うが, 一応念のために復習しておこう. アーベル群 G とその部分群 H が与えられたとする. 演算を $+$ で表すことにする. G の任意の元 g に対して, G の部分集合

$$g+H=\{\,g+h\mid h\in H\,\}$$

を g の H による**剰余類**という．これを $[g]$ で表すことにする．このような剰余類のすべての集合 $\{\,[g]\mid g\in G\,\}$ を G/H で表す．2つの剰余類 $[g]$, $[g']\in G/H$ に対して，これらの和 $[g]+[g']$ を $[g]+[g']=[g+g']$ と定義することができる．これより G/H はアーベル群になる．この群を G の H による**剰余群**あるいは**商群**という．

さて話を本論にもどそう．複体 K に対して，補題7.2より，境界輪体群 $B_p(K)$ は輪体群 $Z_p(K)$ の部分群であるから，剰余群 $Z_p(K)/B_p(K)$ が定義される．これを K の p 次元**ホモロジー群**といい，$H_p(K)$ で表すのである．p-輪体 $z\in Z_p(K)$ の剰余類 $[z]$ $(=z+B_p(K))$ を z の**ホモロジー類**という．$C_p(K)$ の定義より，$p<0$ あるいは $\dim K<p$ なる p に対しては，$C_p(K)=0$ であるから，このような p に対しては，$H_p(K)=0$. さらに $H_0(K)=C_0(K)/B_0(K)$，そして $p=\dim K$ に対しては $H_p(K)=Z_p(K)$ である．

例 7.1 具体的な複体に対して，そのホモロジー群を計算してみよう．最も単純な複体 K は K がただ1つの頂点だけよりなる場合である．この場合については簡単過ぎるかもしれないが，下記の練習問題として読者に各自でやってもらうことにする．これから考える例では σ を 2-単体とし，例5.3で考えた1次元複体 $K(\dot{\sigma})$ のホモロジー群 $H_p(K(\dot{\sigma}))$ を計算してみよう．上において注意したように，$p<0$ あるいは $1<p$ なる p に対して，$H_p(K(\dot{\sigma}))=0$ であることは容易である．したがって後は $H_0(K(\dot{\sigma}))$ と $H_1(K(\dot{\sigma}))$ を計算すればよい．

$$H_0(K(\dot{\sigma}))=C_0(K(\dot{\sigma}))/B_0(K(\dot{\sigma})),$$
$$H_1(K(\dot{\sigma}))=Z_1(K(\dot{\sigma}))$$

であるから，何はともあれまずは境界準同形写像

$$\partial_1:C_1(K(\dot{\sigma}))\to C_0(K(\dot{\sigma}))$$

の像(Image)および核(Kernel)について考察してみなければならない．$\sigma=\langle v_0,v_1,v_2\rangle$ とすれば，

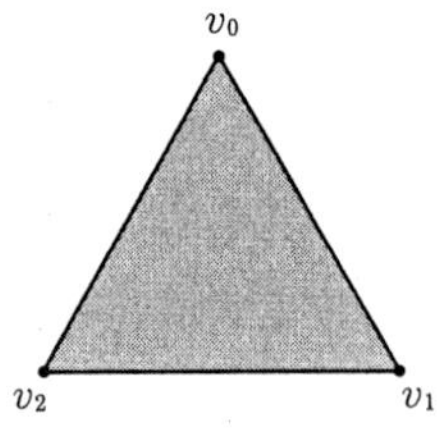

図7.3

$$K(\dot{\sigma})=\{\langle v_0,v_1\rangle,\langle v_1,v_2\rangle,\langle v_2,v_0\rangle,\langle v_0\rangle,\langle v_1\rangle,\langle v_2\rangle\}$$

である．3 個の 1-単体には上記の頂点の順番で向きを与えておく．任意の 1-鎖 $c \in C_1(K(\dot{\sigma}))$ を

$$c = n_0\langle v_0, v_1\rangle + n_1\langle v_1, v_2\rangle + n_2\langle v_2, v_0\rangle \qquad (n_0, n_1, n_2 \in \boldsymbol{Z})$$

とするとき，

$$\begin{aligned}\partial_1(c) &= n_0\,\partial_1(\langle v_0, v_1\rangle) + n_1\,\partial_1(\langle v_1, v_2\rangle) + n_2\,\partial_1(\langle v_2, v_0\rangle)\\ &= n_0(\langle v_1\rangle - \langle v_0\rangle) + n_1(\langle v_2\rangle - \langle v_1\rangle) + n_2(\langle v_0\rangle - \langle v_2\rangle)\\ &= (n_2 - n_0)\langle v_0\rangle + (n_0 - n_1)\langle v_1\rangle + (n_1 - n_2)\langle v_2\rangle\end{aligned}$$

である．ここで各 $\langle v_i\rangle$ の係数の和は 0 になることに注意しておこう．

$\partial_1(c) = 0$ であれば，$n_2 - n_0 = 0$, $n_0 - n_1 = 0$, $n_1 - n_2 = 0$ でなければならない．したがって $n_0 = n_1 = n_2$ でなければならない．このことより，

$$Z_1(K(\dot{\sigma})) = \{\, n(\langle v_0, v_1\rangle + \langle v_1, v_2\rangle + \langle v_2, v_0\rangle) \mid n \in \boldsymbol{Z}\,\} \cong \boldsymbol{Z},$$

すなわち $H_1(K(\dot{\sigma})) \cong \boldsymbol{Z}$ であることがわかる．

さて残りは $H_0(K(\dot{\sigma}))$ の計算のみである．これも $\boldsymbol{Z}$ と同形になるのであるが，それは次のようにして示される．任意の 0-鎖

$$d = m_0\langle v_0\rangle + m_1\langle v_1\rangle + m_2\langle v_2\rangle \in C_0(K(\dot{\sigma}))$$

に対して，$\varepsilon(d) = m_0 + m_1 + m_2$ と定めれば，準同形写像 $\varepsilon : C_0(K(\dot{\sigma})) \to \boldsymbol{Z}$ が得られる．明らかにこれは全射である．したがって，代数学の準同形定理より，$C_0(K(\dot{\sigma}))/\mathrm{Ker}\,\varepsilon \cong \boldsymbol{Z}$ である．また，上で注意したことより $\mathrm{Ker}\,\varepsilon = B_0(K(\dot{\sigma}))$ であることもわかるから，$H_0(K(\dot{\sigma})) \cong \boldsymbol{Z}$ となる．

以上によってすべての整数 p に対して，$H_p(K(\dot{\sigma}))$ が求められた．　◇

練習問題 7

1.　有向単体 $\langle v_0, v_1, v_2, v_3\rangle = \langle v_2, v_3, v_0, v_1\rangle$ について $\partial_3(\langle v_0, v_1, v_2, v_3\rangle) = \partial_3(\langle v_2, v_3, v_0, v_1\rangle)$ となることを境界準同形写像の定義より直接確かめよ．

2.　2 つの p-輪体 $z, z' \in Z_p(K)$ に対して，「$H_p(K)$ において $[z] = [z']$」と「$\exists c \in C_{p+1}(K) : \partial_{p+1}(c) = z - z'$」は同値であることを示せ．

3.　V を頂点 1 個だけよりなる複体とする．この V の各次元のホモロジー群は，

$$H_0(V) \cong \boldsymbol{Z}, \qquad p \neq 0 \text{ なる } p \text{ に対しては } H_p(V) = 0$$

となることを示せ．

§ 8. 単体写像と鎖準同形写像

既に例 5.4 で定義したが，複体 K に対して $K^{(0)}$ は K の 0-単体，すなわち頂点の全体であった．もう 1 つの複体 L と写像 $\varphi : K^{(0)} \to L^{(0)}$ について考える．K の任意の単体 $\sigma = \langle v_0, v_1, \cdots, v_p \rangle$ に対して，$\varphi(v_0), \varphi(v_1), \cdots, \varphi(v_p)$ を頂点とする L の単体が存在するとはもちろん限らないが，これが存在するとき，その単体を $\varphi(\sigma)$ と表し，φ を**単体写像**と呼ぶ．なおここで，$\varphi(v_0), \varphi(v_1), \cdots, \varphi(v_p)$ が互いに異なる頂点であることは要求しない．すなわち異なる i, j に対して，$\varphi(v_i) = \varphi(v_j)$ となる場合も許す．この場合は σ の次元 $p = \dim \sigma$ より $\varphi(\sigma)$ の次元 $\dim \varphi(\sigma)$ は小さくなることは明らかである．単体写像 $\varphi : K^{(0)} \to L^{(0)}$ は結局，K の単体から L の単体への対応を与えるので，以下においては単体写像を $\varphi : K \to L$ と表すことにする．

例 8.1 図 8.1 において K は 2-単体 $\sigma = \langle v_0, v_1, v_2 \rangle$ のすべての辺単体よりなる複体，すなわち $K = K(\sigma)$ とし，L は § 5 で考えた円柱の単体分割を与える複体とする．このとき，$\varphi : K^{(0)} \to L^{(0)}$ を

$$\varphi(v_0) = u_1, \quad \varphi(v_1) = u_2, \quad \varphi(v_2) = u_5$$

とすると φ は単体写像である．あるいは

$$\psi(v_0) = u_0, \quad \psi(v_1) = u_1, \quad \psi(v_2) = u_0$$

として，$\psi : K^{(0)} \to L^{(0)}$ も単体写像である．このとき，$\varphi(\sigma) = \langle u_1, u_2, u_5 \rangle$ であるので，$\dim \varphi(\sigma) = \dim \sigma$ であるが，ψ に対しては $\psi(\sigma) = \langle u_0, u_1 \rangle$ であるので，$\dim \psi(\sigma) < \dim \sigma$ である． ◇

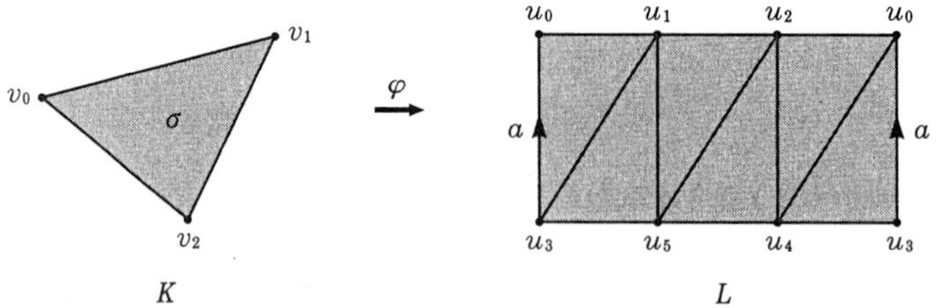

図 8.1

例 8.2　§6において，与えられた複体 K に対してその重心細分と呼ばれる複体 $Sd(K)$ を定義した．これらに対して単体写像 $\pi: Sd(K) \to K$ の例を与えよう．$Sd(K)$ の頂点 $b(\sigma)$ は K のある単体 σ の重心であった．σ の頂点 v を任意に 1 つ選んで $\pi(b(\sigma)) = v$ として得られる $Sd(K)$ の頂点の集合から K の頂点の集合への写像 π は単体写像である．このことを確かめてみよう．$Sd(K)$ の任意の単体 $\tau = \langle b(\sigma_0), b(\sigma_1), \cdots, b(\sigma_k) \rangle$ の頂点は，$\sigma_0 < \sigma_1 < \cdots < \sigma_k$ となる K の単体の重心である．π の定義より，$\pi(b(\sigma_0))$，$\pi(b(\sigma_1))$，$\cdots$，$\pi(b(\sigma_k))$ はすべて σ_k の頂点である．したがってこれらの頂点は σ_k のある辺単体の頂点の全体と一致する．よって π は単体写像である．　◇

次の定理は容易である．

定理 8.1　K, K', K'' を複体とし，$\varphi: K \to K'$, $\psi: K' \to K''$ を単体写像とする．このとき，$\psi \circ \varphi: K \to K''$ も単体写像である．

複体 K, L の間の単体写像 $\varphi: K \to L$ より，鎖群の間の準同形写像 $\varphi_{\#p}: C_p(K) \to C_p(L)$ が誘導され，これよりさらにホモロジー群の間の準同形写像 $\varphi_{*p}: H_p(K) \to H_p(L)$ が誘導されることを以下に順次示していこう．

$C_p(K)$ の元としての有向 p-単体 $\sigma = \langle v_0, v_1, \cdots, v_p \rangle$ に対して，$C_p(L)$ の元 $\varphi_{\#p}(\sigma)$ を次のように定める：

(i)　$\varphi(v_0), \varphi(v_1), \cdots, \varphi(v_p)$ がすべて異なるとき，すなわち

$\dim \varphi(\sigma) = \dim \sigma$ のとき，　$\varphi_{\#p}(\sigma) = \langle \varphi(v_0), \varphi(v_1), \cdots, \varphi(v_p) \rangle$,

(ii)　$\varphi(v_0), \varphi(v_1), \cdots, \varphi(v_p)$ の中に同じものがあるとき，すなわち

$\dim \varphi(\sigma) < \dim \sigma$ のとき，　$\varphi_{\#p}(\sigma) = 0$.

さらに任意の p-鎖 $c = \sum_{i=1}^{r} n_i \sigma_i \in C_p(K)$ に対して，

$$\varphi_{\#p}(c) = \sum_{i=1}^{r} n_i \varphi_{\#p}(\sigma_i) \in C_p(L)$$

と定めて，準同形写像 $\varphi_{\#p}: C_p(K) \to C_p(L)$ を得る．これを**鎖準同形写像**という．

例 8.3 例 8.1 で与えた単体写像 $\varphi : K \to L$, および $\psi : K \to L$ から得られる鎖準同形写像, とくに $\varphi_{\#2} : C_2(K) \to C_2(L)$ と $\psi_{\#2} : C_2(K) \to C_2(L)$ について考えてみよう. $C_2(K)$ の元としての有向 2-単体 $\sigma = \langle v_0, v_1, v_2 \rangle$ に対して, $\varphi(v_0) = u_1$, $\varphi(v_1) = u_2$, $\varphi(v_2) = u_5$ はすべて異なるので,

$$\varphi_{\#2}(\sigma) = \langle \varphi(v_0), \varphi(v_1), \varphi(v_2) \rangle = \langle u_1, u_2, u_5 \rangle$$

である. 一方, $\psi(v_0) = u_0$, $\psi(v_1) = u_1$, $\psi(v_2) = u_0$ の中には同じものがあるので, $\psi_{\#2}(\sigma) = 0$ である. $C_2(K) = \{ n\sigma \mid n \in \boldsymbol{Z} \} \cong \boldsymbol{Z}$ であるから, $\psi_{\#2} : C_2(K) \to C_2(L)$ は零写像である. 一方, $\varphi_{\#2} : C_2(K) \to C_2(L)$ は単射である. ◇

鎖準同形写像と境界準同形写像より次の図式が得られる：

$$\begin{array}{ccccccccccc}
\cdots \xrightarrow{\partial_{p+2}} & C_{p+1}(K) & \xrightarrow{\partial_{p+1}} & C_p(K) & \xrightarrow{\partial_p} & C_{p-1}(K) & \xrightarrow{\partial_{p-1}} & C_{p-2}(K) & \xrightarrow{\partial_{p-2}} \cdots \\
& \downarrow{\scriptstyle \varphi_{\#p+1}} & & \downarrow{\scriptstyle \varphi_{\#p}} & & \downarrow{\scriptstyle \varphi_{\#p-1}} & & \downarrow{\scriptstyle \varphi_{\#p-2}} & \\
\cdots \xrightarrow{\partial_{p+2}} & C_{p+1}(L) & \xrightarrow{\partial_{p+1}} & C_p(L) & \xrightarrow{\partial_p} & C_{p-1}(L) & \xrightarrow{\partial_{p-1}} & C_{p-2}(L) & \xrightarrow{\partial_{p-2}} \cdots.
\end{array}$$

ここで上の列における境界準同形写像と下の列における境界準同形写像はそれぞれ別々のものであるから, 上の図式のように同じ記号を使うのは厳密にいえばまずい. しかしここではこのことによってとくに混乱の恐れはないので, 記号を簡素化するために同じ記号を使うことにする.

さて, 上の図式は可換である. すなわち次の補題が得られる.

補題 8.2 単体写像 $\varphi : K \to L$ より得られる上の図式において, 任意の p に対して,

$$\varphi_{\#p-1} \circ \partial_p = \partial_p \circ \varphi_{\#p}$$

が成り立つ.

[証明] $C_p(K)$ の任意の p-鎖 $c = \sum_{i=1}^{r} n_i \sigma_i$ に対して, $\varphi_{\#p-1}(\partial_p(c)) = \partial_p(\varphi_{\#p}(c))$ を示さねばならないが, このためには, K の任意の有向 p-単体 $\sigma = \langle v_0, v_1, \cdots, v_p \rangle$ に対して, $\varphi_{\#p-1}(\partial_p(\sigma)) = \partial_p(\varphi_{\#p}(\sigma))$ を示せば賢明なる読者には十分であろう. このことを 3 つの場合に分けて示そう.

(i) $\dim \varphi(\sigma) = \dim \sigma$ のとき：

$$\begin{aligned}\varphi_{\sharp p-1}(\partial_p(\sigma)) &= \varphi_{\sharp p-1}\left(\sum_{i=0}^{p}(-1)^i\langle v_0,\cdots,\check{v}_i,\cdots,v_p\rangle\right)\\ &= \sum_{i=0}^{p}(-1)^i\varphi_{\sharp p-1}(\langle v_0,\cdots,\check{v}_i,\cdots,v_p\rangle)\\ &= \sum_{i=0}^{p}(-1)^i\langle\varphi(v_0),\cdots,\varphi(\check{v}_i),\cdots,\varphi(v_p)\rangle\\ &= \partial_p(\langle\varphi(v_0),\cdots,\varphi(v_p)\rangle) = \partial_p(\varphi_{\sharp p}(\sigma)).\end{aligned}$$

(ii) $\dim\varphi(\sigma)=\dim\sigma-1$ のとき： $\varphi(v_0),\cdots,\ \varphi(v_p)$ の中で2つだけ同じものがある．それを $\varphi(v_j)=\varphi(v_k)$ $(j<k)$ とする．このとき，

$$\begin{aligned}\varphi_{\sharp p-1}(\partial_p(\sigma)) &= \sum_{i=0}^{p}(-1)^i\varphi_{\sharp p-1}(\langle v_0,\cdots,\check{v}_i,\cdots,v_p\rangle)\\ &= (-1)^j\langle\varphi(v_0),\cdots,\varphi(\check{v}_j),\cdots,\varphi(v_k),\cdots,\varphi(v_p)\rangle\\ &\qquad +(-1)^k\langle\varphi(v_0),\cdots,\varphi(v_j),\cdots,\varphi(\check{v}_k),\cdots,\varphi(v_p)\rangle.\end{aligned}$$

$\varphi(v_j)=\varphi(v_k)$ であるから，向きを考えずに単なる単体としては，

$$\begin{aligned}&\langle\varphi(v_0),\cdots,\varphi(\check{v}_j),\cdots,\varphi(v_k),\cdots,\varphi(v_p)\rangle\\ &\qquad=\langle\varphi(v_0),\cdots,\varphi(v_j),\cdots,\varphi(\check{v}_k),\cdots,\varphi(v_p)\rangle\end{aligned}$$

であるが，向きを考えて $C_{p-1}(K)$ の元としては，

$$\begin{aligned}&\langle\varphi(v_0),\cdots,\varphi(\check{v}_j),\cdots,\varphi(v_k),\cdots,\varphi(v_p)\rangle\\ &\qquad=(-1)^{k-j-1}\langle\varphi(v_0),\cdots,\varphi(v_j),\cdots,\varphi(\check{v}_k),\cdots,\varphi(v_p)\rangle\end{aligned}$$

である．これより $\varphi_{\sharp p-1}(\partial_p(\sigma))=0$ であることがわかる．一方，$\partial_p(\varphi_{\sharp p}(\sigma))=0$ は $\varphi_{\sharp p}$ の定義より自明である．

(iii) $\dim\varphi(\sigma)\leq\dim\sigma-2$ のとき： $\varphi(v_0),\cdots,\varphi(\check{v}_i),\cdots,\varphi(v_p)$ の中にもまだ同じものがあるので，$\varphi_{\sharp p-1}$ と $\varphi_{\sharp p}$ の定義より，$\varphi_{\sharp p-1}(\partial_p(\sigma))=0$，$\partial_p(\varphi_{\sharp p}(\sigma))=0$ である． □

複体 K の p 次元輪体群 $Z_p(K)$ と p 次元境界輪体群 $B_p(K)$ が§7で，

$$Z_p(K)=\mathrm{Ker}\,\partial_p,\qquad B_p(K)=\mathrm{Im}\,\partial_{p+1}$$

により定義された．鎖準同形写像はこれらの群を保存する．すなわち，

補題 8.3 単体写像 $\varphi: K\to L$ より得られる鎖準同形写像 $\varphi_{\sharp p}: C_p(K)\to C_p(L)$ は次をみたす：

(i) $\varphi_{\sharp p}(Z_p(K))\subset Z_p(L)$，　(ii) $\varphi_{\sharp p}(B_p(K))\subset B_p(L)$．

[**証明**] (i) $\varphi_{\sharp p}(Z_p(K))$ の任意の元 z は,

$$z = \varphi_{\sharp p}(z') \qquad (z' \in Z_p(K))$$

と表される. $z \in Z_p(L)$ を示すためには, $\partial_p(z) = 0$ を示せばよい.

$$\begin{aligned} \partial_p(z) &= \partial_p(\varphi_{\sharp p}(z')) \\ &= \varphi_{\sharp p-1}(\partial_p(z')) \quad (\because \text{ 補題 8.2 より}) \\ &= 0 \quad (\because \ \partial_p(z') = 0 \text{ だから}). \end{aligned}$$

(ii) $\varphi_{\sharp p}(B_p(K))$ の任意の元 b は,

$$b = \varphi_{\sharp p}(b') \quad (b' \in B_p(K))$$

と表される. $b' = \partial_{p+1}(c)$ となる元 $c \in C_{p+1}(K)$ がある.

$$\begin{aligned} b = \varphi_{\sharp p}(b') &= \varphi_{\sharp p}(\partial_{p+1}(c)) \\ &= \partial_{p+1}(\varphi_{\sharp p+1}(c)) \quad (\because \text{ 補題 8.2 より}) \end{aligned}$$

これより $b \in B_p(L)$ である. □

§7において複体 K のホモロジー群 $H_p(K)$ が $H_p(K) = Z_p(K)/B_p(K)$ により定義された. $\varphi: K \to L$ を単体写像とするとき, ホモロジー類 $[z] \in H_p(K)$ ($z \in Z_p(K)$) に対して, ホモロジー類 $[\varphi_{\sharp p}(z)] \in H_p(L)$ が定まることが, 補題 8.3 よりわかる. よって準同形写像 $\varphi_{*p}: H_p(K) \to H_p(L)$ を $\varphi_{*p}([z]) = [\varphi_{\sharp p}(z)]$ により定義することができる. ここで注意しなければならないのは, この φ_{*p} の定義がホモロジー類 $[z]$ の代表元の取り方によらないことを確認せねばならないことである. すなわち, $H_p(K)$ において $[z] = [z']$ のとき, $H_p(L)$ において $[\varphi_{\sharp p}(z)] = [\varphi_{\sharp p}(z')]$ であることを示さねばならない. このことは練習問題として読者自身に考えてもらうことにする.

さらに次の 2 つの定理も難しくはないので, 読者各自が練習問題として考えてみてほしい.

定理 8.4 恒等写像 $\mathrm{id}: K \to K$ から得られる鎖準同形写像 $\mathrm{id}_{\sharp p}: C_p(K) \to C_p(K)$ とホモロジー群の準同形写像 $\mathrm{id}_{*p}: H_p(K) \to H_p(K)$ はともに恒等写像である.

定理 8.5 K, K', K'' を複体とし，$\varphi : K \to K'$, $\psi : K' \to K''$ を単体写像とする．このとき，任意の p に対して，

（i） $(\psi \circ \varphi)_{\#p} = \psi_{\#p} \circ \varphi_{\#p} :\ C_p(K) \to C_p(K'')$,

（ii） $(\psi \circ \varphi)_{*p} = \psi_{*p} \circ \varphi_{*p} :\ H_p(K) \to H_p(K'')$.

$I = [0, 1]$ とする．X が多面体ならば $X \times I$ も多面体になる．$X \times I$ の単体分割が X の単体分割より標準的な方法で得られる．このことについて以下に説明していく．

X の単体分割を K とする．K のすべての単体は 1 つのユークリッド空間 $\boldsymbol{R}^m$ の部分集合であり，したがって $X = |K|$ も $\boldsymbol{R}^m$ の部分集合であった．I は $\boldsymbol{R}$ の部分集合であるから，$X \times I$ を $\boldsymbol{R}^{m+1} = \boldsymbol{R}^m \times \boldsymbol{R}$ の部分集合と考えることができる．K の単体 $\sigma = \langle v_0, v_1, \cdots, v_p \rangle$ に対して，$\sigma \times I$ における点 $(v_i, 0), (v_i, 1)$ をそれぞれ $\underline{v}_i$, $\overline{v}_i$ で表すことにする．$p+2$ 個の点

$$\underline{v}_0, \underline{v}_1, \cdots, \underline{v}_{j-1}, \underline{v}_j, \overline{v}_j, \overline{v}_{j+1}, \cdots, \overline{v}_p$$

は $\boldsymbol{R}^{m+1}$ において一般の位置にある（この証明は節末の練習問題とする）．したがって $p+1$-単体 $\langle \underline{v}_0, \cdots, \underline{v}_j, \overline{v}_j, \cdots, \overline{v}_p \rangle$ が定まる．これらの $p+1$ 個の単体

$$\langle \underline{v}_0, \cdots, \underline{v}_j, \overline{v}_j, \cdots, \overline{v}_p \rangle \qquad (0 \leq j \leq p)$$

およびその辺単体の全体を $K(\sigma \times I)$ で表す．

補題 8.6 $K(\sigma \times I)$ は複体で，$|K(\sigma \times I)| = \sigma \times I$ である．

［**証明**］ σ の次元 p に関する帰納法によって証明する．$p=0$ のときは全く容易である．$p=1$ のときも図 8.2 の左図をながめてみれば容易であろう．

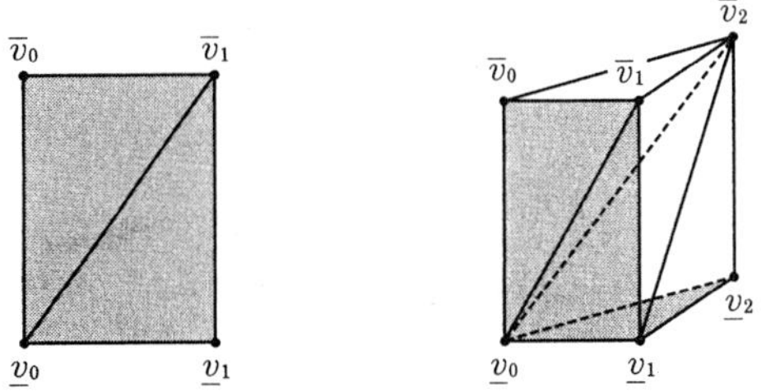

図 8.2

次に，$p-1$-単体に対してはこの補題が正しいとして，σ が p-単体の場合を考えよう．$K(\sigma\times I)$ が複体の条件 (i)をみたすことは自明であるから，後は条件 (ii) および $|K(\sigma\times I)|=\sigma\times I$ となることを示せばよい．$\sigma'=\langle v_0, v_1, \cdots, v_{p-1}\rangle$, $\sigma''=\langle \underline{v}_0, \underline{v}_1, \cdots, \underline{v}_p\rangle$ として

$$L=K(\sigma'\times I)\cup K(\sigma'')$$

とする．（$\sigma=\langle v_0, v_1, v_2\rangle$ の場合は図 8.2 の右図の網掛けの部分がこの L に対応する．）帰納法の仮定より，$K(\sigma'\times I)$ および $K(\sigma'')$ は複体であり，したがって L も複体である．さらに $\sigma\times I=\bar{v}_p*|L|$ であることもわかる．

$K(\sigma\times I)$ の 2 つの単体 τ, τ' に対して，これらの共通部分 $\tau\cap\tau'$ について考えてみる．$\tau\cap\tau'\neq\emptyset$ とする．τ, τ' のうちいずれか一方が L の単体であれば，$\tau\cap\tau'$ も L の単体であり，$\tau\cap\tau'\leq\tau$, $\tau\cap\tau'\leq\tau'$ であることがいえる．τ, τ' がともに L の単体でないときは，これらはともに $\bar{v}_p$ を頂点としてもち，

$$\tau=\bar{v}_p*\tau_0, \qquad \tau'=\bar{v}_p*\tau_0'$$

と書ける．ここに，τ_0, τ_0' はともに L の単体である．$\tau\cap\tau'=\bar{v}_p*(\tau_0\cap\tau_0')$ であることより，$\tau\cap\tau'\leq\tau$, $\tau\cap\tau'\leq\tau'$ であることがわかる．以上から $K(\sigma\times I)$ が複体の条件 (ii) をみたすことがわかった．$K(\sigma\times I)-L$ に属する単体はすべて $\bar{v}_p$ を頂点としてもつので，

$$|K(\sigma\times I)|=\bar{v}_p*|L|$$

であることがわかる．

一方，$\bar{v}_p*|L|=\sigma\times I$ であったので，$|K(\sigma\times I)|=\sigma\times I$ である．　□

複体 K のすべての頂点の集合，すなわち $K^{(0)}$ に順序を与えて，その順序を $<$ で表すことにする．K の各単体 σ を頂点を並べて表すとき，

$$\sigma=\langle v_0, v_1, \cdots, v_p\rangle \qquad (v_0<v_1<\cdots<v_p)$$

のように予め与えられた順序にしたがって頂点を並べることにする．このようにして各単体 $\sigma\in K$ に対して，$K(\sigma\times I)$ を考える．このとき，$\sigma'\leq\sigma$ ならば $K(\sigma'\times I)$ は $K(\sigma\times I)$ の部分複体であることがわかる．

$$K\times I=\bigcup_{\sigma\in K}K(\sigma\times I)$$

として，次の補題が得られる．

補題 8.7 $K \times I$ は複体で，$|K \times I| = |K| \times I$ である．

［**証明**］ $K \times I$ が複体の条件 (ii) をみたすことを示そう．その他のことは容易である．τ, τ' を $K \times I$ の任意の単体とし，$\tau \in K(\sigma \times I)$，$\tau' \in K(\sigma' \times I)$ とする．$\sigma \cap \sigma' = \emptyset$ ならば $\tau \cap \tau' = \emptyset$ である．逆に $\tau \cap \tau' \neq \emptyset$ ならば $\sigma \cap \sigma' \neq \emptyset$ であり，$\tau \cap \tau' \in K((\sigma \cap \sigma') \times I)$ である．$K((\sigma \cap \sigma') \times I)$ は $K(\sigma \times I)$ の部分複体であるから，$\tau \cap \tau' \leq \tau$ である．同様に $\tau \cap \tau' \leq \tau'$ である． □

上記のように定義された複体 $K \times I$ に対して，$|K| \times \{0\}$ 上にある単体の全体を $\underline{K}$，$|K| \times \{1\}$ 上にある単体の全体を $\overline{K}$ とすると，これらはともに $K \times I$ の部分複体である．$\underline{v}_i$ と v_i を同一視することによって $\underline{K}$ は K と同一視される．同様に $\overline{v}_i$ と v_i を同一視することによって $\overline{K}$ も K と同一視される．L をもう1つの複体とし，$\Phi : K \times I \to L$ を単体写像とする．Φ を $\underline{K}$ に制限し，$\underline{K}$ を K と同一視して，単体写像

$$\varphi = \Phi|_{\underline{K}} : K = \underline{K} \to L$$

が得られる．同様にして単体写像

$$\varphi' = \Phi|_{\overline{K}} : K = \overline{K} \to L$$

も得られる．これらが K, L のホモロジー群の上に誘導する準同形写像について考えてみたい．

このためにまず準同形写像 $D_p : C_p(K) \to C_{p+1}(K \times I)$ を次のように定める．任意の $\sigma = \langle v_0, v_1, \cdots, v_p \rangle \in C_p(K)$ に対して

$$D_p(\sigma) = \sum_{i=0}^{p} (-1)^i \langle \underline{v}_0, \cdots, \underline{v}_i, \overline{v}_i, \cdots, \overline{v}_p \rangle$$

と定め，任意の p-鎖 $c = \sum_{i=1}^{r} n_i \sigma_i \in C_p(K)$ に対して，

$$D_p(c) = \sum_{i=1}^{r} n_i D_p(\sigma_i)$$

と定める．

鎖群 $C_p(K)$ に対する境界準同形写像を ∂_p で，$C_p(K \times I)$ に対するそれを $\tilde{\partial}_p$ で表すことにして，次の図式を考えてみよう：

$$\begin{array}{ccc} C_p(K) & \xrightarrow{\partial_p} & C_{p-1}(K) \\ {\scriptstyle D_p}\downarrow & & \downarrow{\scriptstyle D_{p-1}} \\ C_{p+1}(K\times I) & \xrightarrow{\tilde{\partial}_{p+1}} & C_p(K\times I)\,. \end{array}$$

任意の $\sigma=\langle v_0, v_1, \cdots, v_p\rangle\in C_p(K)$ に対して,

$$\begin{aligned}\tilde{\partial}_{p+1}\circ D_p(\sigma) &= \tilde{\partial}_{p+1}\Big(\sum_{i=0}^{p}(-1)^i\langle \underline{v}_0, \cdots, \underline{v}_i, \bar{v}_i, \cdots, \bar{v}_p\rangle\Big)\\ &= \sum_{i=0}^{p}(-1)^i\Big(\sum_{j=0}^{i}(-1)^j\langle \underline{v}_0, \cdots, \check{\underline{v}}_j, \cdots, \underline{v}_i, \bar{v}_i, \cdots, \bar{v}_p\rangle\\ &\qquad + \sum_{j=i}^{p}(-1)^{j+1}\langle \underline{v}_0, \cdots, \underline{v}_i, \bar{v}_i, \cdots, \check{\bar{v}}_j, \cdots, \bar{v}_p\rangle\Big).\end{aligned}$$

一方,

$$\begin{aligned}D_{p-1}\circ\partial_p(\sigma) &= D_{p-1}\Big(\sum_{j=0}^{p}(-1)^j\langle v_0, \cdots, \check{v}_j, \cdots, v_p\rangle\Big)\\ &= \sum_{j=0}^{p}(-1)^j\Big(\sum_{i=0}^{j-1}(-1)^i\langle \underline{v}_0, \cdots, \underline{v}_i, \bar{v}_i, \cdots, \check{\bar{v}}_j, \cdots, \bar{v}_p\rangle\\ &\qquad + \sum_{i=j+1}^{p}(-1)^{i-1}\langle \underline{v}_0, \cdots, \check{\underline{v}}_j, \cdots, \underline{v}_i, \bar{v}_i, \cdots, \bar{v}_p\rangle\Big).\end{aligned}$$

これより

$$\tilde{\partial}_{p+1}\circ D_p(\sigma)+D_{p-1}\circ\partial_p(\sigma)=\langle \bar{v}_0, \bar{v}_1, \cdots, \bar{v}_p\rangle-\langle \underline{v}_0, \underline{v}_1, \cdots, \underline{v}_p\rangle$$

であることがわかる. これよりさらに, 任意の $c\in C_p(K)$ に対して

$$(*)\qquad \tilde{\partial}_{p+1}\circ D_p(c)+D_{p-1}\circ\partial_p(c)=\bar{c}-\underline{c}$$

である. ここに, $\bar{c}$ および $\underline{c}$ はそれぞれ対応 $v_i\mapsto\bar{v}_i$ および $v_i\mapsto\underline{v}_i$ によって c が対応する $C_p(K\times I)$ の元である. この等式 $(*)$ を使って次の定理が得られる.

定理 8.8 K, L を複体とし, $\Phi : K\times I\to L$ を単体写像とする. 2つの単体写像

$$\varphi=\Phi|_{\underline{K}} : K\to L, \qquad \varphi'=\Phi|_{\bar{K}} : K\to L$$

に対して,

$$\varphi_{*p}=\varphi'_{*p} : H_p(K)\to H_p(L)$$

である.

［**証明**］ 任意のホモロジー類 $[z] \in H_p(K)$ （$z \in Z_p(K)$） をとる．

$$\varphi_{*p}([z]) = [\varphi_{\sharp p}(z)] = [\Phi_{\sharp p}(\underline{z})],$$
$$\varphi'_{*p}([z]) = [\varphi'_{\sharp p}(z)] = [\Phi_{\sharp p}(\bar{z})]$$

である．ここに $\Phi_{\sharp p} : C_p(K \times I) \to C_p(L)$．上で求めた等式（$*$）をこの z に対して適用すると，

$$\tilde{\partial}_{p+1}(D_p(z)) = \bar{z} - \underline{z}.$$

これをさらに $\Phi_{\sharp p}$ で写すと，

$$\Phi_{\sharp p}(\tilde{\partial}_{p+1}(D_p(z))) = \Phi_{\sharp p}(\bar{z}) - \Phi_{\sharp p}(\underline{z})$$

が得られる．$C_{p+1}(L)$ に対する境界準同形写像を ∂'_{p+1} で表すとき，上式の左辺は補題 8.2 より $\partial'_{p+1}(\Phi_{\sharp p+1}(D_p(z)))$ であるから，練習問題 7 の **2** によって $[\Phi_{\sharp p}(\underline{z})] = [\Phi_{\sharp p}(\bar{z})]$，すなわち $\varphi_{*p}([z]) = \varphi'_{*p}([z])$ である．□

練 習 問 題 8

1. 例 8.2 で定義した単体写像 $\pi : Sd(K) \to K$ に対して，$Sd(K)$ の単体 τ で $\dim \pi(\tau) < \dim \tau$ となるものが必ず存在することを示せ．ただし K の次元は 0 ではないとする．

2. $\varphi_{\sharp p} : C_p(K) \to C_p(L)$ を単体写像 $\varphi : K \to L$ より得られる鎖準同形写像とする．K の 2 つの p-輪体 $z, z' \in Z_p(K)$ が $H_p(K)$ において $[z] = [z']$ であれば，$H_p(L)$ において $[\varphi_{\sharp p}(z)] = [\varphi_{\sharp p}(z')]$ であることを示せ．

3. 定理 8.5 を証明せよ．

4. 単体 $\sigma = \langle v_0, v_1, \cdots, v_p \rangle$ に対して，$\sigma \times I$ における $p+2$ 個の点

$$\underline{v}_0, \underline{v}_1, \cdots, \underline{v}_{j-1}, \underline{v}_j, \bar{v}_j, \bar{v}_{j+1}, \cdots, \bar{v}_p$$

は一般の位置にあることを示せ．

§ 9. 単体近似

本節ではまず複体の間の単体写像 $\varphi: K \to L$ から，多面体の間の連続写像 $|\varphi|: |K| \to |L|$ が誘導されることを示す．そして多面体の間の任意の連続写像はこのような $|\varphi|$ で近似されることを示す．

任意の単体 $\sigma = \langle v_0, v_1, \cdots, v_p \rangle \in K$ に対し，$\bar{\varphi}_\sigma: \sigma \to \varphi(\sigma)$ を次のように定める．点 $x \in \sigma$ を重心座標 $(\lambda_0, \lambda_1, \cdots, \lambda_p)$ によって $x = \sum_{i=0}^{p} \lambda_i v_i$ と表すとき，$\bar{\varphi}_\sigma(x) = \sum_{i=0}^{p} \lambda_i \varphi(v_i)$ とする．このとき $\bar{\varphi}_\sigma(x)$ は単体 $\varphi(\sigma)$ の点を定め，さらに $\bar{\varphi}_\sigma$ は連続であることは難しくない．この $\bar{\varphi}_\sigma$ は σ と $\varphi(\sigma)$ の間の φ による頂点同士の対応を σ 全体に拡張したものである．このようにして K の各単体 σ の上で定義された連続写像 $\bar{\varphi}_\sigma$ より，連続写像 $|\varphi|: |K| \to |L|$ が得られる，すなわち，任意の点 $x \in |K| = \bigcup_{\sigma \in K} \sigma$ に対して，$x \in \sigma$ のとき $|\varphi|(x) = \bar{\varphi}_\sigma(x)$ と定義するのである．ここで，x が2つの単体の点，すなわち $x \in \sigma \cap \tau$ のときもこの定義が一意的であることに注意せねばならない．これは各 $\bar{\varphi}_\sigma$ の定義および練習問題5の**2**より，

$$\bar{\varphi}_\sigma(x) = \bar{\varphi}_{\sigma \cap \tau}(x) = \bar{\varphi}_\tau(x)$$

となることから大丈夫である．以上により単体写像 $\varphi: K \to L$ より連続写像 $|\varphi|: |K| \to |L|$ が誘導されることがわかった．容易に次の定理を得る．

定理 9.1 K, K', K''を複体とする．

(i) 恒等写像 $\mathrm{id}: K \to K$ から誘導される連続写像 $|\mathrm{id}|: |K| \to |K|$ は恒等写像である．

(ii) $\varphi: K \to K'$, $\psi: K' \to K''$ を単体写像とする．このとき，定理8.1により $\psi \circ \varphi: K \to K''$ も単体写像であり，これより誘導される連続写像 $|\psi \circ \varphi|$ は

$$|\psi \circ \varphi| = |\psi| \circ |\varphi|: |K| \to |K''|$$

をみたす．

単体 $\sigma = \langle v_0, v_1, \cdots, v_p \rangle$ の内部 $\mathring{\sigma}$ に対して，練習問題5の**3**で既に検証したことと思うが，

$$\mathring{\sigma} = \left\{ \sum_{i=0}^{p} \lambda_i v_i \;\middle|\; \sum_{i=0}^{p} \lambda_i = 1,\ \lambda_i > 0 \right\}$$

である．複体 K の頂点 v に対して，v を頂点にもつ K の単体の内部の和集合，すなわち

$$\bigcup_{v \in \sigma \in K} \mathring{\sigma}$$

を v の**開星状体**といい，$st(v)$ で表す．$st(v)$ は $|K|$ の部分集合である．

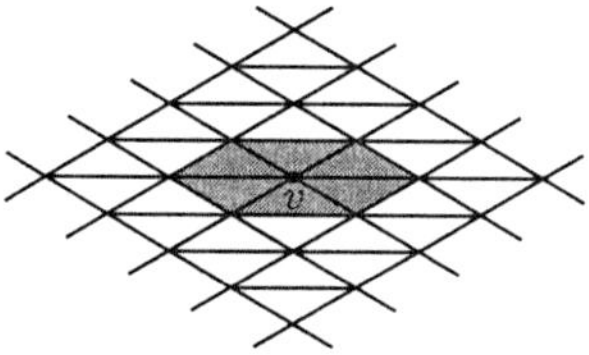

図9.1

$|K| - st(v)$ は v を頂点としない単体の和集合である．(このことは節末の練習問題とする．) K は有限個の単体よりなり，各単体は $|K|$ において閉集合であるから，$|K| - st(v)$ は閉集合，よって $st(v)$ は開集合である．

補題 9.2　複体 K の頂点 $v_0, v_1, \cdots, v_p$ がある1つの単体の頂点であるための必要十分条件は

$$st(v_0) \cap st(v_1) \cap \cdots \cap st(v_p) \neq \emptyset$$

となることである．

[**証明**]　まず $v_0, v_1, \cdots, v_p$ がある単体 σ の頂点であるとすると，任意の i $(0 \leq i \leq p)$ に対して $\mathring{\sigma} \subset st(v_i)$ であるから，

$$st(v_0) \cap st(v_1) \cap \cdots \cap st(v_p) \supset \mathring{\sigma} \neq \emptyset.$$

逆に，$x \in st(v_0) \cap st(v_1) \cap \cdots \cap st(v_p)$ となる点 x が存在すれば，任意の i に対して $x \in st(v_i)$ である．開星状体の定義より，v_i を頂点にもつ単体 σ_i で $x \in \mathring{\sigma}_i$ となるものがある．補題5.1よりこのような σ_i はただ1つに限るので，$\sigma_0 = \sigma_1 = \cdots = \sigma_p$ となり，この単体は $v_0, v_1, \cdots, v_p$ を頂点にもつ．　□

X と Y を多面体とし，$f: X \to Y$ を連続写像とする．X, Y の単体分割 K, L と単体写像 $\varphi: K \to L$ があって，K の任意の頂点 $v \in K^{(0)}$ に対して，$f(st(v)) \subset st(\varphi(v))$ をみたすとき，φ を f の**単体近似**という．

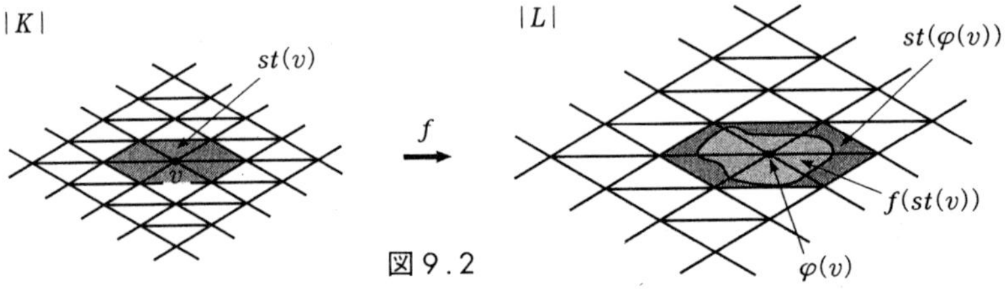

図 9.2

問 9.1 多面体 $X=|K|$, $Y=|K'|$, $Z=|K''|$ に対し，$f: X \to Y$, $g: Y \to Z$ を連続写像とし，$\varphi: K \to K'$, $\psi: K' \to K''$ をそれぞれ f, g の単体近似とする．このとき $\psi\circ\varphi: K \to K''$ は $g\circ f: X \to Z$ の単体近似であることを示せ．

補題 9.3 単体写像 $\varphi: K \to L$ が連続写像 $f: |K| \to |L|$ の単体近似であるための必要十分条件は，任意の $x \in |K|$ と単体 $\tau \in L$ に対して，

$$f(x) \in \mathring{\tau} \implies |\varphi|(x) \in \tau$$

が成り立つことである．

この補題によると単体写像 $\varphi: K \to L$ が連続写像 $f: |K| \to |L|$ の単体近似であれば，任意の $x \in |K|$ に対して，$|\varphi|(x)$ と $f(x)$ はともに同じ単体に属する．すなわち $|\varphi|(x)$ と $f(x)$ は異なる単体に属するほど離れた点ではなく，同じ単体の中でしか違わない近い点であるといっているのである．このようなことから φ は f の単体近似と呼ばれるのである．

[**補題 9.3 の証明**] 〈必要性〉 $x \in |K|$ に対して補題 5.1 より，$x \in \mathring{\sigma}$ となる単体 $\sigma = \langle v_0, v_1, \cdots, v_p \rangle \in K$ がただ 1 つ存在する．このとき，すべての i $(0 \leq i \leq p)$ に対して，$x \in st(v_i)$ である．仮定より，$f(st(v_i)) \subset st(\varphi(v_i))$ であるから，$f(x) \in st(\varphi(v_i))$ であることがわかる．したがって $\varphi(v_i)$ を頂点とする単体 $\tau' \in L$ で $f(x) \in \mathring{\tau}'$ となるものがある．また，仮定より $f(x) \in \mathring{\tau}$ であるから，補題 5.1 より $\tau = \tau'$ となり，$\varphi(v_i)$ は τ の頂点であることがわかる．重心座

標 $(\lambda_0, \lambda_1, \cdots, \lambda_p)$ によって，$x = \sum_{i=0}^{p} \lambda_i v_i$ と表すとき，$|\varphi|(x) = \sum_{i=0}^{p} \lambda_i \varphi(v_i)$ であるから，$|\varphi|(x) \in \tau$ である．

〈十分性〉 K の任意の頂点 v に対して，$f(st(v)) \subset st(\varphi(v))$ となることを示さねばならない．任意の点 $f(x) \in f(st(v))$ をとり，$x \in \mathring{\sigma}$ となる単体 $\sigma \in K$，および $f(x) \in \mathring{\tau}$ となる単体 $\tau \in L$ をとる．このとき，σ は v を頂点にもつ．また仮定より，$|\varphi|(x) \in \tau$ である．一方，$|\varphi|(x) \in |\varphi|(\mathring{\sigma}) \subset \varphi(\mathring{\sigma})$ であるから，$\varphi(\sigma) \leq \tau$ である．$\varphi(\sigma)$ は $\varphi(v)$ を頂点にもつから，τ も $\varphi(v)$ を頂点にもつ．よって $f(x) \in st(\varphi(v))$，したがって $f(st(v)) \subset st(\varphi(v))$ が示された． □

補題 9.3 を使って次の 2 つの例が得られる．

例 9.1 $|\varphi| : |K| \to |L|$ を単体写像 $\varphi : K \to L$ より誘導される連続写像とするとき，φ は $|\varphi|$ の単体近似である． ◇

例 9.2 X を多面体とし，K をその任意の単体分割とする．$\pi : Sd(K) \to K$ を例 8.2 で与えた単体写像とする．K の重心細分 $Sd(K)$ も X の単体分割であり，π は恒等写像 $\mathrm{id} : X \to X$ の単体近似である． ◇

次に連続写像 $f : |K| \to |L|$ とその単体近似 $\varphi : K \to L$ の関係をホモトピーという観点から考察してみよう．2 つの位相空間 X, Y の間の 2 つの連続写像 $f, g : X \to Y$ に対して，連続写像 $F : X \times [0,1] \to Y$ で，任意の $x \in X$ に対して，$F(x, 0) = f(x)$，$F(x, 1) = g(x)$ となるものが存在するとき，f と g は**ホモトピック**であるといい，$f \simeq g$ と表す．また，F を f から g への**ホモトピー**という．

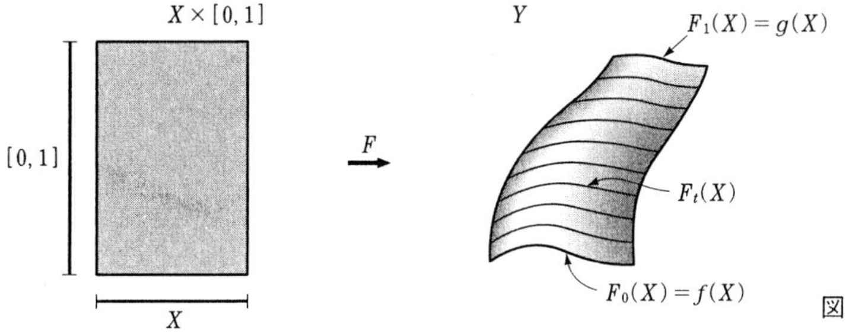

図 9.3

このとき，任意の $t \in [0,1]$ に対して，$F_t : X \to Y$ を $F_t(x) = F(x,t)$ と定めれば，$F_0 = f$，$F_1 = g$ である．したがって t を 0 から 1 へ移動させていくとき，連続写像 F_t は f から g に連続的に変化していく．すなわち，f を連続的に変化させて g に一致させることができるとき，f と g はホモトピックというのである．

このホモトピックという関係は同値関係である．

補題 9.4 位相空間 X, Y に対して，$f, g, h : X \to Y$ を連続写像とするとき，次が成り立つ：

（i） 反射律： $f \simeq f$

（ii） 対称律： $f \simeq g \implies g \simeq f$

（iii） 推移律： $f \simeq g,\ g \simeq h \implies f \simeq h$

［**証明**］（i） $F : X \times [0,1] \to Y$ を任意の $(x,t) \in X \times [0,1]$ に対して，$F(x,t) = f(x)$ と定めれば，これは連続写像で f から f へのホモトピーである．よって $f \simeq f$ である．

（ii） $F : X \times [0,1] \to Y$ を f から g へのホモトピー，すなわち $F_0 = f$，$F_1 = g$ とする．$G : X \times [0,1] \to Y$ を任意の $(x,t) \in X \times [0,1]$ に対し $G(x,t) = F(x, 1-t)$ と定めると，$G(x,0) = F(x,1) = g(x)$，$G(x,1) = F(x,0) = f(x)$ であるから，G は g から f へのホモトピーである．よって $g \simeq f$ である．

（iii） f から g へのホモトピーを F，g から h へのホモトピーを G とするとき，$K : X \times [0,1] \to Y$ を

$$K(x,t) = \begin{cases} F(x,2t) & \left(0 \leq t \leq \dfrac{1}{2}\right), \\ G(x,2t-1) & \left(\dfrac{1}{2} \leq t \leq 1\right) \end{cases}$$

と定める．ここで $t = \dfrac{1}{2}$ のときは，$K\left(x, \dfrac{1}{2}\right)$ が 2 つの定義式により定義されるが，$F(x,1) = g(x) = G(x,0)$ であるから，$K\left(x, \dfrac{1}{2}\right)$ は一意的に定義される．さらに K は連続写像となり，$K(x,0) = f(x)$，$K(x,1) = h(x)$ であるから，$f \simeq h$ である． □

定理 9.5 X, Y を多面体とし，$f: X \to Y$ を連続写像とする．K, L をそれぞれ X, Y の単体分割とし，$\varphi: K \to L$ を f の単体近似とする．このとき，f と $|\varphi|$ はホモトピックである．

［証明］ 補題 9.3 によると，任意の $x \in X = |K|$ に対し，$f(x)$ と $|\varphi|(x)$ はともに L の同じ単体に属する．これを τ とすると，$f(x)$ と $|\varphi|(x)$ を結ぶ線分

$$[f(x), |\varphi|(x)] = \{ (1-t)f(x) + t|\varphi|(x) \mid 0 \leq t \leq 1 \}$$

も τ の中にあり $[f(x), |\varphi|(x)] \subset Y$ である．このことより $F: X \times [0,1] \to Y$ を任意の $(x, t) \in X \times [0, 1]$ に対して，$F(x, t) = (1-t)f(x) + t|\varphi|(x)$ と定義できる．これは連続で，$F_0 = f$，$F_1 = |\varphi|$ であるから，$f \simeq |\varphi|$ である． □

多面体の間の連続写像には常にその単体近似が存在する．これを定理 9.7 で示すが，その前にある条件の下で存在することをまず示しておこう．

補題 9.6 X, Y を多面体とし，その単体分割をそれぞれ K, L とする．$f: X \to Y$ を連続写像とし，これが次の条件 (∗) をみたすとする：

(∗) K の任意の頂点 v に対して，$f(st(v)) \subset st(u)$ となる L の頂点 u が存在する．

このとき，f の単体近似 $\varphi: K \to L$ が存在する．

［証明］ 任意の頂点 $v \in K$ に対し，条件 (∗) をみたす頂点 $u \in L$ を任意に 1 つとり，それを $\varphi(v)$ として $\varphi: K^{(0)} \to L^{(0)}$ を定義する．この φ が単体写像となることを示すために，$\langle v_0, v_1, \cdots, v_p \rangle$ を K の任意の単体とする．補題 9.2 より

$$st(v_0) \cap st(v_1) \cap \cdots \cap st(v_p) \neq \emptyset.$$

仮定より，

$$\begin{aligned} st(\varphi(v_0)) \cap st(\varphi(v_1)) \cap \cdots \cap st(\varphi(v_p)) \\ \supset f(st(v_0)) \cap f(st(v_1)) \cap \cdots \cap f(st(v_p)) \\ \supset f(st(v_0) \cap st(v_1) \cap \cdots \cap st(v_p)) \neq \emptyset. \end{aligned}$$

再び補題 9.2 より，$\varphi(v_0), \varphi(v_1), \cdots, \varphi(v_p)$ を頂点とする L の単体が存在する．したがって φ は単体写像である．φ の定義より明らかに $f(st(v)) \subset st(\varphi(v))$ であるから，φ は f の単体近似である． □

いま証明した補題9.6では，多面体の間の連続写像 $f: X \to Y$ の単体近似の存在を条件（$*$）の下で示した．既に述べたように f の単体近似は常に存在する．このことを次に定理9.7として証明することにするが，その前にLebesgue（ルベーグ）数について説明しておく．

まず，ユークリッド空間 $\boldsymbol{R}^m$ の部分集合 A に対して，A の直径 $d(A)$ を§6で定義したことを思い出してほしい．

X を $\boldsymbol{R}^m$ のコンパクトな部分空間とする．O_λ $(\lambda \in \Lambda)$ を X の開集合で $X = \bigcup_{\lambda \in \Lambda} O_\lambda$，すなわち $\{ O_\lambda \mid \lambda \in \Lambda \}$ を X の開被覆とする．これに対して次のような正数 $\varepsilon > 0$ が存在することが知られている：

"X の部分集合 A が $d(A) < \varepsilon$ をみたせば，$A \subset O_\lambda$ となる $\lambda \in \Lambda$ がある．"

この ε を開被覆 $\{ O_\lambda \mid \lambda \in \Lambda \}$ の **Lebesgue 数**という．巻末の附録にこのLebesgue数の存在の証明を示したので，参照していただきたい．

定理 9.7　多面体 X と Y の間の任意の連続写像 $f: X \to Y$ に対して，常に単体近似が存在する．

［**証明**］　X と Y の単体分割をそれぞれ K, L とする．すなわち，$X = |K|$，$Y = |L|$．このような任意の K, L に対して，f の単体近似が存在するわけではない．K を何度か重心細分して，$Sd^r(K)$ が補題9.6の条件（$*$）をみたすようにできたとき，単体近似 $\varphi: Sd^r(K) \to L$ が存在するのである．ここで，定理6.3の後で注意したように，$Sd^r(K)$ も X の単体分割，すなわち $X = |K| = |Sd^r(K)|$ であることに注意してほしい．

複体 L の各単体はある1つのユークリッド空間 $\boldsymbol{R}^m$ の部分集合であり，有限個のこれらの単体の和集合が多面体 $|L| = Y$ であった．したがって Y は $\boldsymbol{R}^m$ のコンパクトな部分空間である．$\{ st(u) \mid u \in L^{(0)} \}$ は Y の開被覆である．この開被覆のLebesgue数を $\varepsilon > 0$ とする．この ε に対して，$f: X \to Y$ の連続性と X のコンパクト性より次のような $\delta > 0$ が存在する：

$$(**)\qquad d(x, x') < \delta \ (x, x' \in X) \implies d(f(x), f(x')) < \varepsilon.$$

問9.2　X がコンパクトでなければ，上の δ は X の各点に依存して決まる正数である．証明の途中に問を挿んで申し訳ないが，X がコンパクトであれば δ は各点には依存しないで（$**$）のように定まることを示せ．

さて証明を続けていこう．定理6.4より，K を何度も重心細分していけば，$\mathrm{mesh}(Sd^r(K))$ はどんどん小さくなっていく．したがって

$$\mathrm{mesh}(Sd^r(K)) < \frac{\delta}{2}$$

となる r が存在する．このとき $f: X \to Y$ は，X, Y の単体分割 $Sd^r(K)$ と L に対して，補題9.6の条件（$*$）をみたす．なぜならば，任意の頂点 $v \in Sd^r(K)$ に対し $st(v)$ の直径は δ より小さい．したがって，上の（$**$）より，$f(st(v))$ の直径は ε より小さい．よって Lebesgue 数 ε の性質より，$f(st(v)) \subset st(u)$ となる L の頂点 u が存在する．よって補題9.6より f の単体近似 $\varphi: Sd^r(K) \to L$ が存在することがいえる．□

練習問題 9

1.　複体 K の頂点 v に対して，次の (i), (ii) を示せ：

（i）　$|K| - st(v)$ は v を頂点としない単体の和集合である．

（ii）　$st(v)$ の直径　$d(st(v))$ は　$d(st(v)) \leq 2\,\mathrm{mesh}(K)$　をみたす．

2.　X を位相空間とする．$j: X \times [0,1] \to X \times [0,1]$ を任意の $(x, t) \in X \times [0,1]$ に対して，$j(x, t) = (x, 0)$ と定める．このとき j は恒等写像 $\mathrm{id}_{X \times [0,1]}$ とホモトピックであることを示せ．

3.　n 次元円板 $D^n = \{x \in \boldsymbol{R}^n \mid \|x\| \leq 1\}$ とその任意の $x \in D^n$ に対して，$c: D^n \to D^n$ を $c(x) = \mathbf{o}$ と定める．ここに $\mathbf{o}$ は $\boldsymbol{R}^n$ の原点．このとき，c と恒等写像 id_{D^n} はホモトピックであることを示せ．

4.　X, Y を多面体，$f, g: X \to Y$ を連続写像とする．定理9.7より f の単体近似 $\varphi: K \to L$，および g の単体近似 $\psi: K' \to L'$ が存在する．このとき，X の単体分割 K, K' および Y の単体分割 L, L' として，$K = K'$，$L = L'$ となるものがとれることを示せ．

§ 10. 多面体のホモロジー群

§7 で複体 K のホモロジー群 $H_p(K)$ を定義し，§8 では複体の間の単体写像 $\varphi: K \to L$ からホモロジー群の間の準同形写像 $\varphi_{*p}: H_p(K) \to H_p(L)$ を定義した．本節では多面体 X のホモロジー群 $H_p(X)$ を定義し，多面体の間の連続写像 $f: X \to Y$ から，ホモロジー群の間の準同形写像 $f_{*p}: H_p(X) \to H_p(Y)$ を定義しよう．

任意の整数 p に対して，多面体 X の p 次元**ホモロジー群** $H_p(X)$ は次のように定義される．X の単体分割 K を任意に 1 つとって $H_p(K)$ を得るとき，$H_p(X) = H_p(K)$ により $H_p(X)$ を定義する．もちろんここで注意しなければならないことは，この定義が単体分割 K のとり方によらないことである．すなわち，K' を X のもう 1 つの単体分割とするとき，$H_p(K')$ と最初の $H_p(K)$ が群として同形であることを確かめねばならない．しかしこのためにはかなりの紙数を要する．残念ながら本書においてはその証明は割愛せざるを得ない（巻頭の「はじめに」を参照）．

定義より明らかに，$p < 0$ あるいは $\dim X < p$ なる p に対しては，$H_p(X) = 0$ である．

例 10.1 例 7.1 において σ を 2-単体とし，その真の辺単体の全体よりなる複体 $K(\dot{\sigma})$ に対して，そのホモロジー群を計算した．例 5.6 でみたように，$K(\dot{\sigma})$ は 1 次元球面 S^1 の単体分割である．$H_0(K(\dot{\sigma})) \cong \boldsymbol{Z}$，$H_1(K(\dot{\sigma})) \cong \boldsymbol{Z}$ であったから，$H_0(S^1) \cong \boldsymbol{Z}$，$H_1(S^1) \cong \boldsymbol{Z}$ である．その他の p に対しては，$H_p(S^1) = 0$ である．

◇

定理 10.1 多面体 X と Y が同相であれば，任意の整数 p に対して，$H_p(X) \cong H_p(Y)$ である．

［**証明**］ 複体 K を X の単体分割とすれば，K は Y の単体分割でもあるので，多面体のホモロジー群の定義より明らかである． □

2つの多面体 X, Y が与えられたとき，これらのホモロジー群を計算して，ある p に対して $H_p(X)$ と $H_p(Y)$ が同形でなければ，定理 10.1 より X と Y は同相ではない．すなわちホモロジー群という代数的な“量”の相違から，同相でないという幾何的な性質の相違が導かれる．例えば既に計算したように $H_1(S^1) \cong \boldsymbol{Z}$ であり，§13 で計算されるが $H_1(S^2)=0$ である．したがって S^1 と S^2 は同相ではない．

多面体 X, Y の間の連続写像 $f: X \to Y$ より，準同形写像 $f_{*p}: H_p(X) \to H_p(Y)$ が次のように定義される．定理 9.7 によって f の単体近似 $\varphi: K \to L$ が得られる．ここで，K, L はそれぞれ X, Y の単体分割，すなわち $X=|K|$，$Y=|L|$ である．φ より準同形写像 $\varphi_{*p}: H_p(K) \to H_p(L)$ が得られる．既に定義したように $H_p(X)=H_p(K)$，$H_p(Y)=H_p(L)$ であるから，$f_{*p}: H_p(X) \to H_p(Y)$ を $f_{*p}=\varphi_{*p}$ により定義する．ここでもこの定義が f の単体近似 φ のとり方によらないことを確認せねばならない．しかし本書においてはこの証明も割愛することにする．

定理 10.2 X, Y, Z を多面体とする．

（i） 恒等写像 $\mathrm{id}: X \to X$ から誘導される準同形写像 $\mathrm{id}_{*p}: H_p(X) \to H_p(X)$ は恒等写像である．

（ii） $f: X \to Y$，$g: Y \to Z$ を連続写像とする．$g \circ f$ より誘導される準同形写像 $(g \circ f)_{*p}$ は次をみたす：

$$(g \circ f)_{*p} = g_{*p} \circ f_{*p}:\ H_p(X) \to H_p(Z)\,.$$

この定理は定理 8.4，定理 8.5，問 9.1 などの結果を使って証明することができる．

定理 10.3 多面体 X と Y の間の2つの連続写像 $f, g: X \to Y$ がホモトピックならば，任意の p に対して

$$f_{*p} = g_{*p}:\ H_p(X) \to H_p(Y)$$

である．

［**証明**］ $I=[0,1]$ とし，連続写像 $F: X\times I\to Y$ を f から g へのホモトピーとする．すなわち，$F_0=f$，$F_1=g$ とする．

L を Y の単体分割とする．$\{st(u)\mid u\in L^{(0)}\}$ は $|L|=Y$ の開被覆である．この開被覆の Lebesgue 数を $\varepsilon>0$ とする．定理 9.7 の証明においても考えたように，この ε に対して次のような $\delta>0$ が存在する：

$$d((x,t),(x',t'))<\delta \implies d(F(x,t),F(x',t'))<\varepsilon$$
$$((x,t),(x',t')\in X\times I).$$

$X\times I$ の部分集合 A に対し，その直径 $d(A)$ が $d(A)<\delta$ ならば，$d(F(A))<\varepsilon$ であるから，Lebesgue 数の性質より $F(A)\subset st(u)$ となる L の頂点 $u\in L^{(0)}$ がある．（ここから数行後でこのことを用いるので覚えておいてほしい．）

さて，X の単体分割 K で $\mathrm{mesh}(K)<\dfrac{\delta}{4}$ となるものをとる．$\dfrac{1}{s}<\dfrac{\delta}{4}$ なる整数 $s>0$ をとり，$0\leq i\leq s-1$ なる整数 i に対して，

$$I_i=\left[\frac{i}{s},\frac{i+1}{s}\right]$$

とする．このとき，$I=I_0\cup I_1\cup\cdots\cup I_{s-1}$ である．この小さな区間 I_i に対して §8 で定義したのと同様にして複体 $K\times I_i$ を考えれば，$\mathrm{mesh}(K\times I_i)<\dfrac{\delta}{2}$ となる．$\tilde{K}=\bigcup_{i=0}^{s-1}K\times I_i$ とすれば，これは複体で $|\tilde{K}|=|K|\times I=X\times I$ である．$K\times I_i$ はこの $\tilde{K}$ の部分複体である．$\mathrm{mesh}(\tilde{K})<\dfrac{\delta}{2}$ であるから，任意の頂点 $v\in\tilde{K}^{(0)}$ に対し，開星状体 $st(v)$ の直径に対して，練習問題 9 の **1** (ii) でもみたように，$d(st(v))<\delta$ がいえる．したがって $F(st(v))\subset st(u)$ となる頂点 $u\in L^{(0)}$ が存在する．よって補題 9.6 より F の単体近似 $\Phi:\tilde{K}\to L$ が存在する．$|K|\times\left\{\dfrac{i}{s}\right\}$ 上にある $\tilde{K}$ の単体の全体を $\tilde{K}_i$ とする．これは複体 K と同一視できる．

$$\Phi_i=\Phi|_{\tilde{K}_i}: K=\tilde{K}_i\to L$$

とする．このとき，Φ_0 は $f=F_0$ の，Φ_s は $g=F_1$ の単体近似である．各 i $(0\leq i\leq s-1)$ に対して，定理 8.8 より

$$(\Phi_i)_{*p}=(\Phi_{i+1})_{*p}: H_p(K)\to H_p(L)$$

であるから

$$f_{*p}=(\Phi_0)_{*p}=(\Phi_s)_{*p}=g_{*p}$$

である． □

2つの位相空間 X, Y に対して，連続写像 $f: X \to Y$ および $g: Y \to X$ が存在して $f \circ g \simeq \mathrm{id}_Y$，$g \circ f \simeq \mathrm{id}_X$ となるとき，X と Y は**ホモトピー型**が等しいといい，$X \simeq Y$ と表す．

例 10.2　任意の位相空間 X と $X \times [0,1]$ はホモトピー型が等しい．なぜならば，$j: X \to X \times [0,1]$ を $x \in X$ に対して $j(x) = (x,0)$ と定め，$\pi: X \times [0,1] \to X$ を $(x,t) \in X \times [0,1]$ に対して $\pi(x,t) = x$ と定めると，$\pi \circ j = \mathrm{id}_X$ となる．また，$j \circ \pi(x,t) = (x,0)$ であるから，練習問題の 9 の **2** の結果より $j \circ \pi \simeq \mathrm{id}_{X \times [0,1]}$ となる．したがって $X \simeq X \times [0,1]$．とくに図 10.1 の 1 次元球面 S^1 と円柱 $S^1 \times [0,1]$ はホモトピー型が等しい．　◇

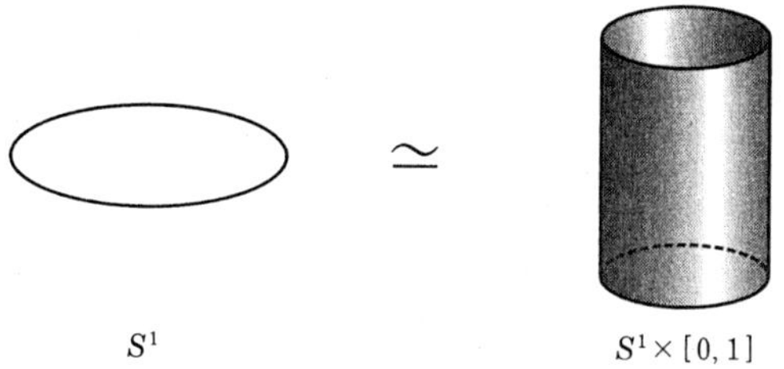

図 10.1

例 10.3　n 次元閉円板 D^n と 1 点からなる空間 P はホモトピー型が等しい．なぜならば，定値写像 $c: D^n \to P$ と，$i(P) = \mathbf{o}$（$\mathbf{o} \in D^n$ は原点）なる写像 $i: P \to D^n$ に対して，$c \circ i = \mathrm{id}_P$，そして練習問題 9 の **3** の結果を使って $i \circ c \simeq \mathrm{id}_{D^n}$ がいえるからである．　◇

例 10.3 の D^n のように 1 点とホモトピー型が等しい位相空間は**可縮**であるといわれる．

上の 2 つの例からもわかるように，2 つの位相空間のホモトピー型が等しいということは，一方の位相空間を連続的に変形していってもう一方の位相空間に変形できるということである．この変形の操作の過程を与えるのがホモトピーである．

ホモトピー型が等しい位相空間の例をもう少し与えよう．

例 10.4 M を閉曲面とする．§3 で連結和を導入したときに，$h: D^2 \to M$ を埋め込みとして，$M - h(\mathring{D}^2)$ を考えた．D^2 と $h(D^2)$ は同相であるから，これらを同一視して $M - h(\mathring{D}^2)$ を $M - \mathring{D}^2$ と表すことにしよう．$M - \mathring{D}^2$ は 2 次元多面体であるが，ホモトピー型は 1 次元多面体と同じである．やや数学的厳密性には欠けるかもしれないが，このことは次のようにしてわかる．

図 10.2 を M の展開図とし，その中に D^2 が図のようにあるとする．この展開図から D^2 を切り取り，ぽっかり穴のあいたものが $M - \mathring{D}^2$ である．この穴を連続的にだんだん大きくしていくと，最後は展開図の辺の部分だけになってしまう．この辺に対応する部分は M の中で 1 次元の“部分”多面体である．この多面体を W とすれば $M - \mathring{D}^2 \simeq W$ である．例えば図 10.3 のように M をトーラス T^2 とし，これから D^2 を切り取って穴をあけ，その穴をだんだん大きくしていけば，この図の右側のような 1 次元多面体に変形できる． ◇

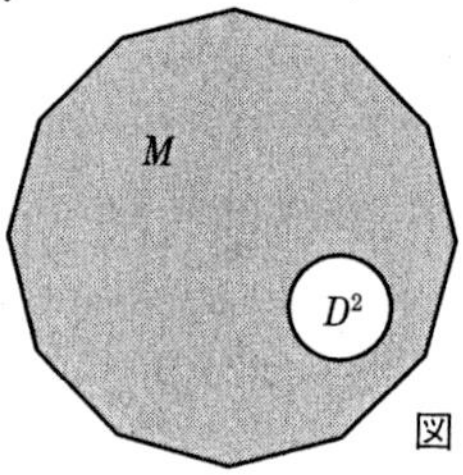

図 10.2

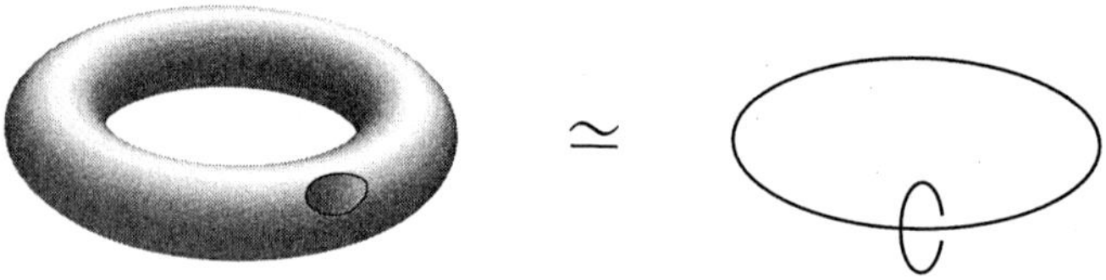

図 10.3

例 10.5 図 10.4 のように n 個の S^1 が 1 点を共有する位相空間を W_n で表す．例 10.4 では $T^2 - \mathring{D}^2$ は W_2 とホモトピー型が等しいことをみた．これと同様にして，§4 で定義した i 個のトーラスの連結和 $T(i)$，および j 個の射影平面の連結和 $P(j)$ に対して，次が成り立つ：

$$T(i) - \mathring{D}^2 \simeq W_{2i}, \quad P(j) - \mathring{D}^2 \simeq W_j. \quad ◇$$

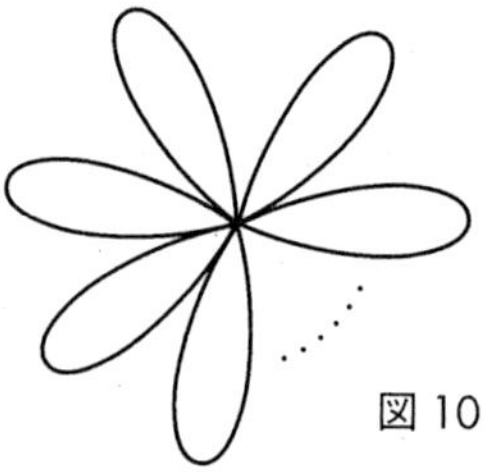
図 10.4

問 10.1 例 10.5 を示せ．

定理 10.4 2 つの多面体 X と Y のホモトピー型が等しいならば，任意の p に対して $H_p(X) \cong H_p(Y)$ である．

［**証明**］　仮定より，連続写像 $f: X \to Y$，$g: Y \to X$ で，$g \circ f \simeq \mathrm{id}_X$，$f \circ g \simeq \mathrm{id}_Y$ となるものが存在する．定理 10.2 (ii) と定理 10.3 より，

$$g_{*p} \circ f_{*p} = (g \circ f)_{*p} = (\mathrm{id}_X)_{*p}, \qquad f_{*p} \circ g_{*p} = (f \circ g)_{*p} = (\mathrm{id}_Y)_{*p}$$

となる．さらに定理 10.2 (i) より，これらはそれぞれ $H_p(X)$ および $H_p(Y)$ の恒等写像であるから，$H_p(X)$ と $H_p(Y)$ は同形である．　□

2つの位相空間が同相ならば，それらのホモトピー型は等しいので，定理 10.4 は定理 10.1 を含む結果である．

系 10.5　多面体 X が可縮ならば，

$$H_p(X) \cong \begin{cases} \boldsymbol{Z} & (p = 0), \\ 0 & (p \neq 0). \end{cases}$$

したがって S^1 は可縮ではない．なぜならば，例 10.1 においてみたように $H_1(S^1) \cong \boldsymbol{Z}$ であるから．

［**系 10.5 の証明**］　読者は既に練習問題 7 の **3** において，頂点 1 個だけからなる複体 V に対して，$H_0(V) \cong \boldsymbol{Z}$，$H_p(V) = 0$ $(p \neq 0)$ であることを確かめたことと思う．自明なことではあるが，V は 1 点だけからなる多面体 P の単体分割であるから，$H_0(P) \cong \boldsymbol{Z}$，$H_p(P) = 0$ $(p \neq 0)$ である．可縮な多面体 X と P はホモトピー型が等しいのであるから，定理 10.4 より系 10.5 が得られる．　□

読者は既に，位相空間 X が“連結”であることの定義を知っているはずである．（不確かな読者は内田伏一著「位相入門」（裳華房）などで復習していただきたい．）　複体 K に対しても連結という概念が次のように定義される．K の任意の 2 つの頂点 v, v' に対して，K の頂点の列 $v = v_1, v_2, \cdots, v_k = v'$ で，各 i $(1 \leq i \leq k)$ に対して $\langle v_i, v_{i+1} \rangle$ は K の 1-単体となるものが存在するとき，複体 K は**連結**であるという．

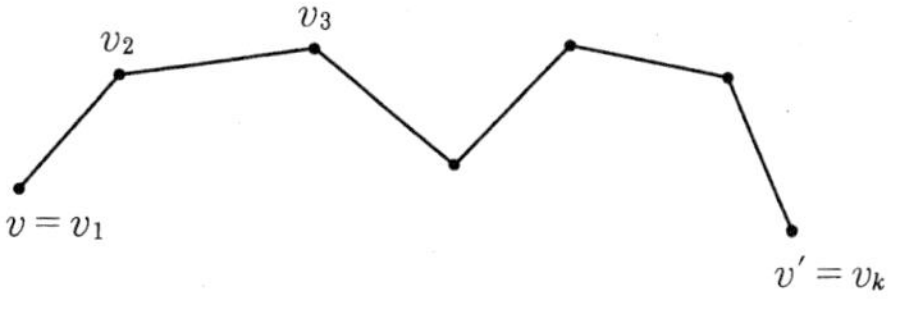

図 10.5

多面体 $X=|K|$ に対し，X が位相空間として連結であることと，K が複体として連結であることは同値である．このことは直観的には容易であるが，問としておく．

問 10.2 複体 K が連結であることと，多面体 $|K|$ が連結であることは同値であることを示せ．

定理 10.6 多面体 X が連結ならば，$H_0(X)\cong \boldsymbol{Z}$ である．

［**証明**］ 複体 K を X の単体分割とする．定義より $H_0(X)=H_0(K)=Z_0(K)/B_0(K)$ である．$\partial_0 : C_0(K)\to C_{-1}(K)=0$ は零写像であるから，$Z_0(K)=C_0(K)$，したがって，$H_0(X)=C_0(K)/B_0(K)$ である．複体 K の 0-単体，すなわち頂点の全体を $K^{(0)}=\{v_0, v_1, \cdots, v_r\}$ とするとき，

$$C_0(K)=\left\{\sum_{i=0}^{r} n_i v_i \;\middle|\; n_i\in \boldsymbol{Z}\right\}$$

であった．$|K|=X$ が連結であることより，任意の 2 つの頂点 v_a と v_b $(0\le a, b\le r)$ は 1-単体の列で結ばれる．すなわち K の 1-単体の列

$$\sigma_1=\langle v_{i_0}, v_{i_1}\rangle, \quad \sigma_2=\langle v_{i_1}, v_{i_2}\rangle, \quad \cdots, \quad \sigma_m=\langle v_{i_{m-1}}, v_{i_m}\rangle$$

で $v_{i_0}=v_a$，$v_{i_m}=v_b$ となるものがある．このとき $C_0(K)$ において，

$$\partial_1(\sigma_1+\sigma_2+\cdots+\sigma_m)=(v_{i_0}-v_{i_1})+(v_{i_1}-v_{i_2})+\cdots+(v_{i_{m-1}}-v_{i_m})=v_a-v_b$$

である．したがって $H_0(X)=C_0(K)/B_0(K)$ において，$[v_a]=[v_b]$ であることがわかる．このことより，任意の元 $[\sum_{i=0}^{r} n_i v_i]\in H_0(X)$ に対して，

$$\left[\sum_{i=0}^{r} n_i v_i\right]=\sum_{i=0}^{r} n_i[v_i]=\left(\sum_{i=0}^{r} n_i\right)[v_0]$$

となる．よってこのとき，$[\sum_{i=0}^{r} n_i v_i]$ に対して $\sum_{i=0}^{r} n_i$ を対応させる写像により，$H_0(X)$ と $\boldsymbol{Z}$ は同形になることがわかる． □

多面体 $X=X_1\cup X_2$ において $X_1\cap X_2=\emptyset$ とする．このとき，X の任意の単体分割 K に対して，K の部分複体 K_1, K_2 で

$$K=K_1\cup K_2, \qquad K_1\cap K_2=\emptyset, \qquad |K_1|\approx X_1, \qquad |K_2|\approx X_2$$

となるものが存在することは容易にわかる．したがって X_1, X_2 も多面体である．

定理 10.7 多面体 $X = X_1 \cup X_2$ において $X_1 \cap X_2 = \emptyset$ であれば，任意の p に対して，

$$H_p(X) \cong H_p(X_1) \oplus H_p(X_2)$$

である．

［**証明**］ 複体 $K = K_1 \cup K_2$ を X の単体分割とし，$K_1 \cap K_2 = \emptyset$ で K_1, K_2 はそれぞれ X_1, X_2 の単体分割とする．鎖群 $C_p(K)$ の定義を振り返ってみると，

$$C_p(K) = C_p(K_1) \oplus C_p(K_2)$$

であることがわかる．また境界準同形写像

$$\partial_p : C_p(K) = C_p(K_1) \oplus C_p(K_2) \to C_{p-1}(K) = C_{p-1}(K_1) \oplus C_{p-1}(K_2)$$

の定義から，$\partial_p(C_p(K_i)) \subset C_{p-1}(K_i)$ $(i = 1, 2)$ であることもわかる．したがって輪体群 $Z_p(K)$ や境界輪体群 $B_p(K)$ に対しても，

$$Z_p(K) = Z_p(K_1) \oplus Z_p(K_2), \qquad B_p(K) = B_p(K_1) \oplus B_p(K_2)$$

となり，

$$\begin{aligned} H_p(K) = Z_p(K)/B_p(K) &\cong \{Z_p(K_1)/B_p(K_1)\} \oplus \{Z_p(K_2)/B_p(K_2)\} \\ &= H_p(K_1) \oplus H_p(K_2) \end{aligned}$$

であることがわかる． □

定理 10.6 と定理 10.7 より次が得られる．

系 10.8 多面体 X が k 個の連結成分よりなれば，

$$H_0(X) \cong \boldsymbol{Z} \oplus \boldsymbol{Z} \oplus \cdots \oplus \boldsymbol{Z} \qquad (k \text{ 個の } \boldsymbol{Z} \text{ の直和})$$

である．

練習問題 10

1. ホモトピー型が等しいという関係は同値関係であることを示せ．

2. X, Y を位相空間とし，$f : X \to Y$ を任意の連続写像とする．Y が可縮ならば f は定値写像とホモトピックであることを示せ．

3. メビウスの帯 MB のホモロジー群を求めよ．

§ 11. オイラー標数

本節では多面体のオイラー標数について述べる．そのためにまず代数的な準備をしよう．

アーベル群 G の有限個の元 $g_1, g_2, \cdots, g_r$ と整数 $n_1, n_2, \cdots, n_r$ に対して，

$$n_1g_1 + n_2g_2 + \cdots + n_rg_r = 0 \implies n_1 = 0,\ n_2 = 0,\ \cdots,\ n_r = 0$$

が成り立つとき，$g_1, g_2, \cdots, g_r$ は**1次独立**であるという．この言葉を読者はベクトル空間のベクトルに対しては既に知っているはずである．ベクトルの場合，係数は実数体や複素数体などの体の元であるが，ここでは整数のみであることに注意しよう．1次独立でないとき，**1次従属**ということはベクトルの場合と同様である．

アーベル群 G において，有限個の元 $h_1, h_2, \cdots, h_s$ が存在して，G の任意の元 g は適当な整数 $n_1, n_2, \cdots, n_s$ に対して，

$$g = n_1h_1 + n_2h_2 + \cdots + n_sh_s$$

と表されるとき，G は**有限生成**であるという．複体 K は有限個の単体よりなるから，§7 で定義した $C_p(K)$，$Z_p(K)$，$B_p(K)$，$H_p(K)$ などはすべて有限生成である．

有限生成アーベル群 G において，1次独立な元が r 個は存在するが，$r+1$ 個は存在しないとき，すなわち1次独立な元の最大個数が r であるとき，この r を G の**階数**といい，$\mathrm{rank}\, G$ と表すことにする．複体 K の p-単体の個数を $\rho_p(K)$ で表すとき，

$$\mathrm{rank}\, C_p(K) = \rho_p(K)$$

である．

整数の全体 $\boldsymbol{Z}$ は足し算によってアーベル群になる．任意の正整数 n に対して，$n\boldsymbol{Z} = \{ nk \mid k \in \boldsymbol{Z} \}$ は $\boldsymbol{Z}$ の部分群である．よって剰余群 $\boldsymbol{Z}/n\boldsymbol{Z}$ が定義される．これを $\boldsymbol{Z}_n$ で表すことにする．$\boldsymbol{Z}$ は**無限巡回群**，$\boldsymbol{Z}_n$ は**位数** n

の**有限巡回群**と呼ばれる．アーベル群に関する基本定理によれば，有限生成のアーベル群 G は何個かの無限巡回群と有限巡回群の直和に分解される：

$$G \cong \boldsymbol{Z} \oplus \cdots \oplus \boldsymbol{Z} \oplus \boldsymbol{Z}_{n_1} \oplus \cdots \oplus \boldsymbol{Z}_{n_l}.$$

この直和分解に現れる無限巡回群 $\boldsymbol{Z}$ の個数は，G の階数と一致する．

問 11.1　このことを示せ．

補題 11.1　有限生成アーベル群 G，その部分群 H および剰余群 G/H の階数に対して，次の等式が成り立つ：

$$\operatorname{rank} G = \operatorname{rank} H + \operatorname{rank} G/H .$$

［**証明**］　この証明はやや長くなるので，じっくりと読み進んでいただきたい．$\operatorname{rank} H = s$ とし，$g_i \in H$ $(1 \le i \le s)$ を 1 次独立な元，$\operatorname{rank} G/H = t$ とし，$[g_i] \in G/H$ $(g_i \in G,\ s+1 \le i \le s+t)$ を 1 次独立な元とする．このとき，$\operatorname{rank} G = s+t$ を示せばよい．

まず g_i $(1 \le i \le s+t)$ が G において 1 次独立であることを示そう．そのために $n_i \in \boldsymbol{Z}$ $(1 \le i \le s+t)$ に対して，

$$(*) \qquad \sum_{i=1}^{s+t} n_i g_i = 0$$

とする．このとき

$$\sum_{i=s+1}^{s+t} n_i g_i = -\sum_{i=1}^{s} n_i g_i \in H$$

であるから G/H において，

$$\sum_{i=s+1}^{s+t} n_i [g_i] = 0$$

である．$[g_i]$ $(s+1 \le i \le s+t)$ は 1 次独立であるから，$n_i = 0$ $(s+1 \le i \le s+t)$ となり，$(*)$ より

$$\sum_{i=1}^{s} n_i g_i = 0 .$$

ここで g_i $(1 \le i \le s)$ も 1 次独立であるから，$n_i = 0$ $(1 \le i \le s)$ が得られ，g_i $(1 \le i \le s+t)$ は 1 次独立であることがわかる．

次に，任意の $g \in G$ に対して，g_i $(1 \le i \le s+t)$ と g は 1 次従属であることを示そう．$\operatorname{rank} G/H = t$ より，$[g_i]$ $(s+1 \le i \le s+t)$ と $[g]$ は 1 次従属であ

るから,

$$\sum_{i=s+1}^{s+t} m_i[g_i] + m[g] = 0$$

となる整数の列 $(m_{s+1}, \cdots, m_{s+t}, m) \neq (0, \cdots, 0, 0)$ がある.

$$h = \sum_{i=s+1}^{s+t} m_i g_i + mg$$

とすると, G/H において $[h]=0$, すなわち, $h \in H$ である. $\mathrm{rank}\, H = s$ より, g_i $(1 \leq i \leq s)$ と h は1次従属であるから,

$$\sum_{i=1}^{s} m_i g_i + nh = 0$$

となる整数の列 $(m_1, \cdots, m_s, n) \neq (0, \cdots, 0, 0)$ がある. このとき,

$$\sum_{i=1}^{s} m_i g_i + \sum_{i=s+1}^{s+t} nm_i g_i + nmg = 0$$

となり,

$$m_i \ (1 \leq i \leq s), \quad nm_i \ (s+1 \leq i \leq s+t), \quad nm$$

の中には0でないものがあるから, g_i $(1 \leq i \leq s+t)$ と g は1次従属である.

以上のことより $\mathrm{rank}\, G = s + t$ と早合点してはいけない. $\mathrm{rank}\, G = s + t$ を示すためには, 任意の $s+t+1$ 個の元 $a_j \in G$ $(1 \leq j \leq s+t+1)$ が1次従属であることを示さねばならない. 以下にこのことを示そう.

任意の j に対して, g_i $(1 \leq i \leq s+t)$ と a_j は1次従属だから,

$$(**) \qquad \sum_{i=1}^{s+t} k_{ji} g_i + k_j a_j = 0$$

となる整数の列 $(k_{j1}, \cdots, k_{js+t}, k_j) \neq (0, \cdots, 0, 0)$ がある. ここで, g_i $(1 \leq i \leq s+t)$ は1次独立であるから, $k_j \neq 0$ でなければならない. k_{ji} を係数とし, x_j $(1 \leq j \leq s+t+1)$ を不定元とする連立1次方程式

$$\sum_{j=1}^{s+t+1} k_{ji} x_j = 0 \qquad (1 \leq i \leq s+t)$$

を考える. この連立1次方程式は不定元 $s+t+1$ 個に対して, 式の個数は $s+t$ であるから, 非自明な解をもつ. 係数 k_{ji} は整数であるから, 解は有理数である. その解を, 適当な整数 $q \neq 0$ を1つ固定して,

$$x_j = \frac{p_j}{q} \qquad (p_j \in \boldsymbol{Z}, \ 1 \leq j \leq s+t+1)$$

とする. 非自明な解であるから, p_j $(1 \leq j \leq s+t+1)$ の中には0でないものが

ある．このとき，

$$\sum_{j=1}^{s+t+1} p_j k_j a_j = -\sum_{j=1}^{s+t+1} p_j\left(\sum_{i=1}^{s+t} k_{ji} g_i\right) \qquad (\because (**)\text{より})$$

$$= -\sum_{i=1}^{s+t}\left(\sum_{j=1}^{s+t+1} k_{ji} p_j\right) g_i$$

$$= 0 \qquad \left(\because \sum_{j=1}^{s+t+1} k_{ji} p_j = 0\right).$$

$p_j k_j$ $(1 \leq j \leq s+t+1)$ の中には 0 でないものがあるから，a_j $(1 \leq j \leq s+t+1)$ は 1 次従属である．以上によってやっと $\operatorname{rank} G = s+t$ であることがわかった． □

代数的な準備が長くなったが，ここで話を幾何の方にもどそう．X を k 次元多面体とするとき，X の**オイラー**(Euler)**標数** $\chi(X)$ を次のように定義する：

$$\chi(X) = \sum_{p=0}^{k} (-1)^p \operatorname{rank} H_p(X)\,.$$

問 11.2 前節において 1 次元球面 S^1 と可縮な多面体 X のホモロジー群を求めた．この結果より $\chi(S^1)$ および $\chi(X)$ を求めよ．

定理 11.2 多面体 X と Y のホモトピー型が等しければ，$\chi(X) = \chi(Y)$ である．

［**証明**］ X と Y のホモトピー型が等しいから，定理 10.4 より任意の整数 p に対して，$H_p(X) \cong H_p(Y)$ である．したがって $\chi(X) = \chi(Y)$ であることは明らかである． □

与えられた 2 つの多面体 X と Y に対して，これらのオイラー標数を計算して $\chi(X) \neq \chi(Y)$ であることがわかれば，X と Y のホモトピー型は等しくない，したがって同相でもないことが定理 11.2 よりわかる．このようにオイラー標数は 2 つの多面体が同相でないことを判定するための有用な道具である．しかし，その計算を上の定義式から計算しようとすると，まずホモロジー群を計算せねばならず，かなり面倒である．実はオイラー標数は単体分割における単体の個数からも計算することができる．以下にこのことについて考察しよう．

K を複体とする．境界準同形写像 $\partial\colon C_p(K) \to C_{p-1}(K)$ の核(Kernel)が $Z_p(K)$，像(Image)が $B_{p-1}(K)$ であったから，準同形定理より

$$C_p(K)/Z_p(K) \cong B_{p-1}(K)$$

である．K における p-単体の個数を既出のように $\rho_p(K)$ で表すとき，補題 11.1 より

$$\begin{aligned}\rho_p(K) &= \operatorname{rank} C_p(K)\\ &= \operatorname{rank} B_{p-1}(K) + \operatorname{rank} Z_p(K)\end{aligned}$$

が得られる．また，$H_p(K) = Z_p(K)/B_p(K)$ であるから，再び補題 11.1 より

$$\operatorname{rank} H_p(K) = \operatorname{rank} Z_p(K) - \operatorname{rank} B_p(K)$$

である．これらのことを使って，次の定理が得られる．

定理 11.3 （**Euler-Poincaré**（オイラー・ポアンカレ）**の公式**） 多面体 X の単体分割を K とするとき，

$$\chi(X) = \sum_{p=0}^{k} (-1)^p \rho_p(K)$$

が成り立つ．ここに，$k = \dim X = \dim K$．

この定理において多面体 X のもう 1 つの単体分割 K' に対しても，

$$\chi(X) = \sum_{p=0}^{k} (-1)^p \rho_p(K')$$

となるわけであるから，次の系が得られる．

系 11.4 k 次元複体 K, K' に対して，$|K| \approx |K'|$ であれば，

$$\sum_{p=0}^{k} (-1)^p \rho_p(K) = \sum_{p=0}^{k} (-1)^p \rho_p(K')$$

が成り立つ．

［**定理 11.3 の証明**］ $H_p(X) = H_p(K)$ であるから，

$$\begin{aligned}\chi(X) &= \sum_{p=0}^{k}(-1)^p \operatorname{rank} H_p(K)\\ &= \sum_{p=0}^{k}(-1)^p(\operatorname{rank} Z_p(K) - \operatorname{rank} B_p(K))\\ &= \operatorname{rank} Z_0(K) + \sum_{p=1}^{k}(-1)^p(\operatorname{rank} B_{p-1}(K) + \operatorname{rank} Z_p(K))\\ &\quad - (-1)^k \operatorname{rank} B_k(K)\,.\end{aligned}$$

ここで，

$$\begin{aligned}&\operatorname{rank} Z_0(K) = \operatorname{rank} C_0(K) = \rho_0(K)\,,\\ &\operatorname{rank} B_{p-1}(K) + \operatorname{rank} Z_p(K) = \rho_p(K)\,,\\ &\operatorname{rank} B_k(K) = 0\end{aligned}$$

であることより，求めるべき等式が得られる． □

定理 11.3 を使えば，多面体のオイラー標数がホモロジー群を計算するまでもなく，単体分割における単体の個数から計算される．§4 で定義した i 個のトーラスの連結和 $T(i)$，j 個の射影平面の連結和 $P(j)$ や球面 S^2 に対して，我々は既にこれらの単体分割を知っている．それを使ってこれらの閉曲面のオイラー標数は次のようになることがわかる．

定理 11.5 $\chi(S^2) = 2$，$\chi(T(i)) = 2-2i$，$\chi(P(j)) = 2-j$．

問 11.3 定理 11.5 を証明せよ．

定理 11.5 におけるオイラー標数の計算結果より，$i \neq j$ ならば $T(i)$ と $T(j)$ は同相ではなく，$P(i)$ と $P(j)$ も同相ではないことがわかる．さらに S^2 と $T(i)$，S^2 と $P(j)$ も同相ではないし，$2i \neq j$ ならば $T(i)$ と $P(j)$ も同相ではない．これによってしばらく中断していた定理 4.1 の証明が一歩前進したことになる．後は $2i = j$ のときでも，$T(i)$ と $P(j)$ が同相ではないことの証明がまだ残っているのみである．これはそれぞれのホモロジー群が同形ではないことによって示される．これについてはさらに §14 まで待たねばならない．

定理 11.5 (および問 11.3)においては連結和 $T(i)$ や $P(j)$ のオイラー標数を，それらの単体分割から直接計算した．一般に 2 つの閉曲面 M, N に対して，これらの連結和のオイラー標数 $\chi(M \# N)$ を $\chi(M)$ と $\chi(N)$ から求めることを以下において考えてみる．

§3 における連結和の定義を振り返ってみると，M と N からそれぞれ開円板 $\mathring{D}^2$ を取り去った $M-\mathring{D}^2$ と $N-\mathring{D}^2$ を境界の部分で貼り合わせたものが $M \# N$ であった．したがって

$$M \# N = (M-\mathring{D}^2) \cup (N-\mathring{D}^2),$$
$$(M-\mathring{D}^2) \cap (N-\mathring{D}^2) = \partial D^1$$

である．M と N から取り去る開円板 $\mathring{D}^2$ はどの部分から取り去ってもよかった．複体 K, L をそれぞれ M, N の単体分割とし，2-単体 $\sigma \in K$，$\tau \in L$ を 1 つずつ考える．M から取り去る $\mathring{D}^2$ は σ の内部 $\mathring{\sigma}$ が対応する部分，N から取り去る $\mathring{D}^2$ は τ の内部 $\mathring{\tau}$ が対応する部分とする．このとき，$K-\{\sigma\}$ は $M-\mathring{D}^2$ の，$L-\{\tau\}$ は $N-\mathring{D}^2$ の単体分割である．さらに，$K-\{\sigma\}$ と $L-\{\tau\}$ から $M \# N$ の単体分割が自然に得られる．それを $K \# L$ という記号で表すと，

$$\rho_0(K \# L) = \rho_0(K) + \rho_0(L) - 3,$$
$$\rho_1(K \# L) = \rho_1(K) + \rho_1(L) - 3,$$
$$\rho_2(K \# L) = \rho_2(K) + \rho_2(L) - 2$$

となる．これより

$$\begin{aligned}\chi(M \# N) &= \sum_{i=0}^{2}(-1)^i \rho_i(K \# L) \\ &= \sum_{i=0}^{2}(-1)^i \rho_i(K) + \sum_{i=0}^{2}(-1)^i \rho_i(L) - 2 \\ &= \chi(M) + \chi(N) - 2\end{aligned}$$

が得られる．よって一般に次の定理を得る．

定理 11.6 閉曲面 $M_1, M_2, \cdots, M_k$ に対して，

$$\chi(M_1 \# M_2 \# \cdots \# M_k) = \chi(M_1) + \chi(M_2) + \cdots + \chi(M_k) - 2(k-1).$$

単位面積当たりの情報量

文系学部の先生の研究室には，床から天井にまでとどく書架が壁一面に取り付けられて，そこに溢れんばかりの本が並んでいる．それにひきかえ著者の研究室では，天井の高さにはまだまだ余裕のある書棚に，わずかばかりの本が置かれているだけである．

この本の量の違いは何を意味するのだろうかと常々思っていたが，最近やっと納得のいく答を見つけることができた．それは文系の本と理系の本とでは，単位面積当たりの情報量に違いがあるのではないかということである．理系の本では記号や数式を多用する．例えば $H_p(X) \cong H_p(Y)$ という数式は莫大な量の情報を含んでいる．多面体やホモロジー群の定義に，直接かかわる部分だけでも本書では数十頁を要したが，$H_p(X) \cong H_p(Y)$ が占めるわずか 0.7 cm^2 のスペースに数十頁分の情報が含まれているのである．

このように考えると，著者の研究室にある本が，文系の先生の数分の 1 しかないとしても，それらがもつ情報量はさほど変わらないのかもしれない．

練習問題 11

1. 円柱，メビウスの帯，n 次元球面 S^n のオイラー標数を求めよ．

2. X_1, X_2 を多面体とし，これらの単体分割をそれぞれ K_1, K_2 とする．さらに，$K_1 \cup K_2$ は $X_1 \cup X_2$ の単体分割，$K_1 \cap K_2$ は $X_1 \cap X_2$ の単体分割であるとする（練習問題 5 の **4** で考えたことと思うが，このことは一般にはいえない）．このとき，

$$\chi(X_1 \cup X_2) = \chi(X_1) + \chi(X_2) - \chi(X_1 \cap X_2)$$

となることを示せ．

§ 12. ホモロジー群と準同形写像

本節では，例 10.5 で与えた位相空間 W_n のホモロジー群の計算を行うとともに，いくつかの連続写像からホモロジー群の上に誘導される準同形写像について考察する．これらのことは § 14 で閉曲面のホモロジー群を計算するための下準備である．

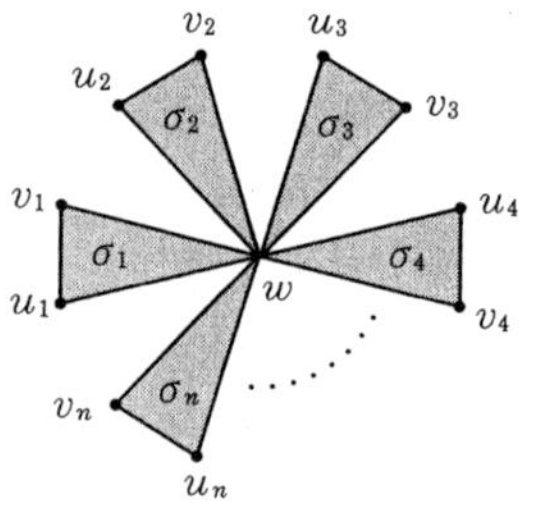

図 12.1

図 12.1 のように n 個の 2-単体 $\sigma_1, \sigma_2, \cdots, \sigma_n$ が 1 つの頂点 w を共有している複体を考える．各 σ_i の真の辺単体の全体よりなる複体 $K(\dot{\sigma}_i)$ に対し，$K_n = K(\dot{\sigma}_1) \cup K(\dot{\sigma}_2) \cup \cdots \cup K(\dot{\sigma}_n)$ とすれば，この K_n は W_n の単体分割である．K_n の 1 次元鎖群 $C_1(K_n)$ の任意の元 c は，

$$c = \sum_{i=1}^{n} r_i \langle w, u_i \rangle + \sum_{i=1}^{n} s_i \langle u_i, v_i \rangle + \sum_{i=1}^{n} t_i \langle v_i, w \rangle \qquad (r_i, s_i, t_i \in \boldsymbol{Z})$$

と表される．このとき，

$$\partial_1(c) = \sum_{i=1}^{n} (r_i - t_i) \langle w \rangle + \sum_{i=1}^{n} (s_i - r_i) \langle u_i \rangle + \sum_{i=1}^{n} (t_i - s_i) \langle v_i \rangle$$

である．$\partial_1(c) = 0$ ならば，すべての i に対して $r_i = s_i = t_i$ でなければならない．よって $Z_1(K_n)$ の任意の元 z は

$$z = \sum_{i=1}^{n} r_i (\langle w, u_i \rangle + \langle u_i, v_i \rangle + \langle v_i, w \rangle)$$

と表される．このとき対応 $z \mapsto (r_1, \cdots, r_n)$ は $Z_1(K_n)$ から n 個の $\boldsymbol{Z}$ の直和 $\boldsymbol{Z} \oplus \cdots \oplus \boldsymbol{Z}$ への同形写像を与える．

$B_1(K_n) = 0$ であるから，$H_1(K_n) = Z_1(K_n)$ である．よって

$$H_1(W_n) = H_1(K_n) \cong \boldsymbol{Z} \oplus \cdots \oplus \boldsymbol{Z}$$

である．これらのことを後で引用するために次の定理としてまとめておこう．n 個の $\boldsymbol{Z}$ の直和を $\boldsymbol{Z}^n$ で表すことにする．

定理 12.1　n 個の S^1 が 1 点を共有する多面体 W_n に対し，$H_1(W_n) \cong \boldsymbol{Z}^n$ である．この同形写像において各 S^1 に対する 1-鎖

$$\langle w, u_i \rangle + \langle u_i, v_i \rangle + \langle v_i, w \rangle$$

(のホモロジー類)が $\boldsymbol{Z}^n$ における各 $\boldsymbol{Z}$ の生成元 1 に対応する．

多面体の間の連続写像 $f: X \to Y$ より，ホモロジー群の間の準同形写像 $f_{*p}: H_p(X) \to H_p(Y)$ が定義されることを §10 で述べた．次にいくつかの特別な場合に対して，この準同形写像を考えてみよう．

まず定値写像 $c: X \to Y$ に対して考えてみる．定値写像とは，$y_0 \in Y$ を 1 つ固定し，任意の $x \in X$ に対して $c(x) = y_0$ となる写像のことである．

定理 12.2　定値写像 $c: X \to Y$ に対して $p \neq 0$ ならば $c_{*p}: H_p(X) \to H_p(Y)$ は零写像，すなわち任意の $[z] \in H_p(X)$ に対して，$c_{*p}([z]) = 0$ となる．

[証明]　$X = |K|$，$Y = |L|$ とする．すなわち X, Y の単体分割をそれぞれ K, L とする．L の 1 つの頂点 v_0 への定値写像 $\gamma: K \to L$ は単体写像である．$c: X \to Y$ の単体近似として，このような定値写像 $\gamma: K \to L$ をとることができる．$p \neq 0$ のとき，定義より明らかに $\gamma_{\#p}: C_p(K) \to C_p(L)$ は零写像である．よって c_{*p} も零写像である．□

定理 12.3　2 つの多面体 X と Y がともに連結ならば，任意の連続写像 $f: X \to Y$ に対して，$f_{*0}: H_0(X) \to H_0(Y)$ は同形写像である．

[証明]　X, Y の単体分割をそれぞれ K, L とし，$\varphi: K \to L$ を f の単体近似と

する．X は連結であるから，定理 10.6 の証明からわかるように $H_0(X)=H_0(K)$ の任意の元 $[z]$ は，任意に固定された 1 つの頂点 $v_0 \in K$ に対して

$$[z]=n[v_0] \qquad (n \in \boldsymbol{Z})$$

と一意的に表される．$H_0(Y)=H_0(L)$ においても同様である．1 つの頂点として $\varphi(v_0) \in L$ をとれば，任意の元 $[z'] \in H_0(Y)=H_0(L)$ は

$$[z']=n'[\varphi(v_0)] \qquad (n' \in \boldsymbol{Z})$$

と一意的に表される．

$$f_{*0}([z])=nf_{*0}([v_0])=n[\varphi(v_0)]$$

であることより，f_{*0} は同形写像であることがわかる．　□

例 10.4 と同様に，閉曲面 M の中に埋め込まれた閉円板 D^2 を考える．M から開円板 $\mathring{D}^2$ を切り取り，$M-\mathring{D}^2$ に残った D^2 の境界 ∂D^2 への包含写像を $\iota: \partial D^2 \to M-\mathring{D}^2$ とする．このとき，$\iota_{*1}: H_1(\partial D^2) \to H_1(M-\mathring{D}^2)$ について，次の 2 つの例において考察してみよう．

例 12.1　まず M がトーラス T^2 の場合を考えてみよう．図 12.2 が $T^2-\mathring{D}^2$ の展開図である．

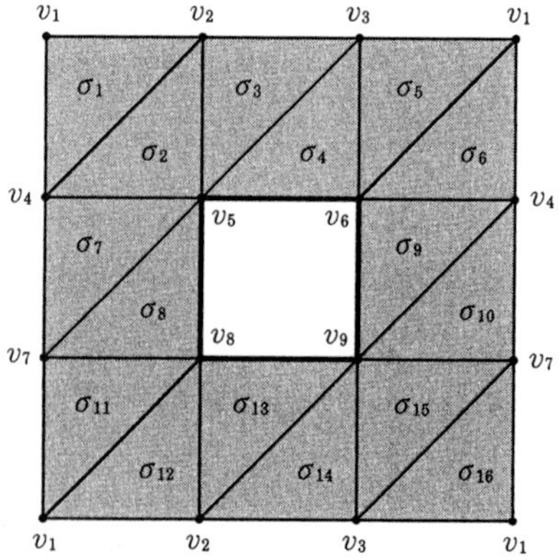

図 12.2

この図において，太線の部分が ∂D^2 であり，その外側の大きな 4 角形の上辺と下辺，左辺と右辺を貼り合わせたものが $T^2-\mathring{D}^2$ である．これを図のように単体分割し，得られる複体を K とする．太線の部分に対応する部分複体を L とする．す

なわち，K, L はそれぞれ $T^2 - \mathring{D}^2$ および ∂D^2 の単体分割である．各単体には時計回りから誘導される向きを与える．例えば σ_1 の向きは $\langle v_1, v_2, v_4 \rangle$ とし，この1-辺単体の向きはそれぞれ $\langle v_1, v_2 \rangle$，$\langle v_2, v_4 \rangle$，$\langle v_4, v_1 \rangle$ とする．このとき，例7.1で考えたのと同様にして，

$$z = \langle v_5, v_8 \rangle + \langle v_8, v_9 \rangle + \langle v_9, v_6 \rangle + \langle v_6, v_5 \rangle \in Z_1(L)$$

が $H_1(\partial D^2) = Z_1(L) \cong \boldsymbol{Z}$ の生成元を与える．すなわち $H_1(\partial D^2)$ の任意の元は，適当な整数 $n \in \boldsymbol{Z}$ に対して，nz と表すことができる．各単体の向きの与え方より，$c = \sigma_1 + \sigma_2 + \cdots + \sigma_{16} \in C_2(K)$ に対して $\partial_2(c) = z$ となることがわかる．したがって $z \in B_1(K)$ となり，$H_1(T^2 - \mathring{D}^2) = H_1(K) = Z_1(K)/B_1(K)$ において，$[z] = 0$ である．$\iota : \partial D^2 \to T^2 - \mathring{D}^2$ を包含写像とするとき，$H_1(T^2 - \mathring{D}^2)$ において，$\iota_{*1}(z) = [z] = 0$ であるから，$\iota_{*1} : H_1(\partial D^2) \to H_1(T^2 - \mathring{D}^2)$ は零写像である． ◇

問 12.1 上記の $\partial_2(c) = z$ を示せ．

例 12.2 次に M が射影平面 P^2 の場合を考えてみよう．図12.3は $P - \mathring{D}^2$ の展開図である．

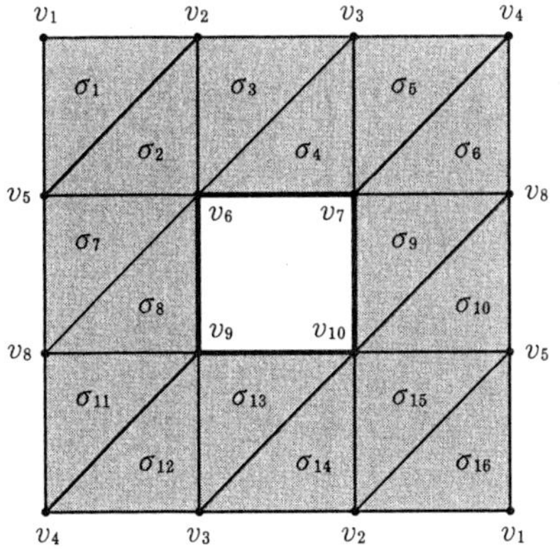

図 12.3

例12.1の図とみかけはほとんど同じであるが，上辺と下辺，左辺と右辺の貼り合わせ方が異なるので，頂点の番号が異なっていることに注意してほしい．この図より得られる $P^2 - \mathring{D}^2$ および ∂D^2 の単体分割をそれぞれ K, L とし，各単体の向きの与え方は例12.1と同様に時計回りから誘導されるものとする．例10.5で考えた

ように，$P^2 - \mathring{D}^2$ は S^1 と同じホモトピー型をもつ．したがって定理 10.4 および例 10.1 より，

$$H_1(P^2 - \mathring{D}^2) \cong H_1(S^1) \cong \boldsymbol{Z}$$

となる．$C_1(K)$ において

$$z = \langle v_1, v_2 \rangle + \langle v_2, v_3 \rangle + \langle v_3, v_4 \rangle + \langle v_4, v_8 \rangle + \langle v_8, v_5 \rangle + \langle v_5, v_1 \rangle$$

とすれば，$z \in Z_1(K)$ であり，$[z] \in H_1(P^2 - \mathring{D}^2)$ が生成元となる．このことの証明は簡単ではないが，難しくもない．各自で確かめてみてほしい．

$c = \sigma_1 + \sigma_2 + \cdots + \sigma_{16} \in C_2(K)$ とするとき，$C_1(K)$ において $\partial_2(c) = 2z - z'$ である．ここに

$$z' = -(\langle v_6, v_9 \rangle + \langle v_9, v_{10} \rangle + \langle v_{10}, v_7 \rangle + \langle v_7, v_6 \rangle)$$

である．これは例 12.1 と同様に $H_1(\partial D^2) = Z_1(L) \cong \boldsymbol{Z}$ の生成元である．練習問題 7 の **2** で既にやったことと思うが，$\partial_2(c) = 2z - z'$ より，$H_1(P^2 - \mathring{D}^2)$ において $[z'] = 2[z]$ となる．$\iota_{*1} : H_1(\partial D^2) \to H_1(P^2 - \mathring{D}^2)$ を包含写像より誘導される準同形写像とするとき，

$$\iota_{*1}(z') = [z'] = 2[z]$$

となる．$H_1(\partial D^2) \cong \boldsymbol{Z}$，$H_1(P^2 - \mathring{D}^2) \cong \boldsymbol{Z}$ であるから，ι_{*1} を $\boldsymbol{Z}$ から $\boldsymbol{Z}$ への写像と考えれば，ι_{*1} は整数 n に対して $2n$ を対応させる写像である．　◇

§4 において，T^2 の i 個の連結和を $T(i)$，P^2 の j 個の連結和を $P(j)$ と表した．これらについても例 12.1 や例 12.2 と同様のことを考えてみよう．例 10.5 でみたように，$T(i) - \mathring{D}^2 \simeq W_{2i}$，$P(j) - \mathring{D}^2 \simeq W_j$ であるから，定理 10.4 と定理 12.1 より

$$H_1(T(i) - \mathring{D}^2) \cong H_1(W_{2i}) \cong \boldsymbol{Z}^{2i},$$
$$H_1(P(j) - \mathring{D}^2) \cong H_1(W_j) \cong \boldsymbol{Z}^j$$

である．

$M = T(i)$ または $P(j)$ とし，$\iota : \partial D^2 \to M - \mathring{D}^2$ を包含写像とする．

$$\boldsymbol{Z} \cong H_1(\partial D^2) \xrightarrow{\iota_{*1}} H_1(M - \mathring{D}^2) \cong \boldsymbol{Z}^k \qquad (k = 2i, j)$$

であるから，ι_{*1} を $\boldsymbol{Z}$ から $\boldsymbol{Z}^k$ への準同形写像と考えることができる．

定理 12.4 M を閉曲面とし，$\iota : \partial D^2 \to M - \mathring{D}^2$ を包含写像とする．$\iota_{*1} : H_1(\partial D^2) \to H_1(M - \mathring{D}^2)$ は

（i） $M = T(i)$ ならば零写像であり，

（ii） $M = P(j)$ ならば $n \in \boldsymbol{Z}$ に $(2n, \cdots, 2n) \in \boldsymbol{Z}^j$ を対応させる写像，したがって単射である．

この定理から $T(i)$ と $P(j)$ の顕著な違いをみることができる．§4 においても簡単に触れたが $T(i)$ は向き付け可能であり，$P(j)$ は向き付け不可能であることに起因する違いである．本書においてはまだ $T(i)$ と $P(j)$ が同相でないことの証明を与えていない．定理 12.4 よりこれらが同相でないとの結論を得ることもできるが，この証明はもう少し先送りし，§14 において計算するホモロジー群の違いとして証明することにする．

［**定理 12.4 の証明**］ $i=1$ および $j=1$ の場合が，それぞれ上述の例 12.1 および例 12.2 である．一般の場合もこれらと同様にして証明できる．できるはずであるが，単体分割における単体の個数が多くなるので計算は煩雑になり，この方法は実際的でない．ここではもう少し別の方法で考えてみよう．

（i） $M = T(i)$ のとき：

図 12.4 において中央の図は $T(i) - \mathring{D}^2$ の展開図である．$\mathring{D}^2$ を切り取って真ん中にあいた穴をどんどん外側に広げていくことにより，$T(i) - \mathring{D}^2$ は W_{2i} に変形

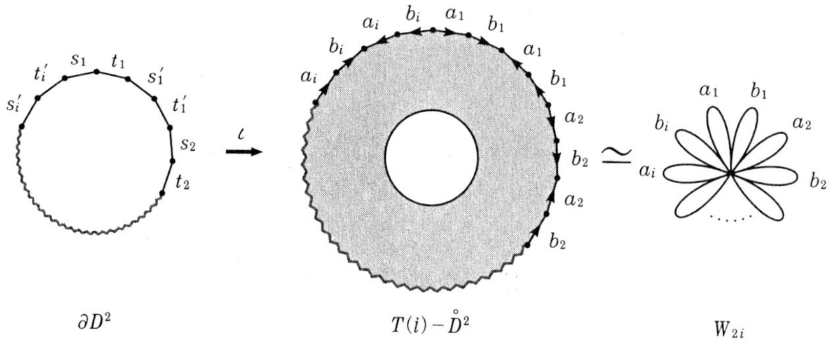

図 12.4

されることを，既に§10で述べた．展開図の各辺 a_j, b_j は右側の図の W_{2i} の a_j, b_j にそれぞれ対応する．包含写像 ι によって左側の図の ∂D^2 を $T(i)-\mathring{D}^2$ の ∂D^2 の部分に写し，それをどんどん外側に移動させていくことにより，∂D^2 から W_{2i} への写像が得られる．このとき，∂D^2 を $4i$ 等分する辺 s_j, t_j, s'_j, t'_j $(1 \leq j \leq i)$ について考えると，この写像によって s_j は a_j に，t_j は b_j に写っていく．さらに s'_j は s_j とは逆向きで a_j に，t'_j は t_j とは逆向きで b_j に写っていく．これらのことを ∂D^2 および W_{2i} の適当な単体分割に対して考えることにより，

$$H_i(\partial D^2) \xrightarrow{\iota_{*1}} H_1(T(i)-\mathring{D}^2) \cong H_1(W_{2i})$$

が零写像であることがわかる．

(ii) $M = P(j)$ のとき： このときも(i)と同様の方法で考えてみる．

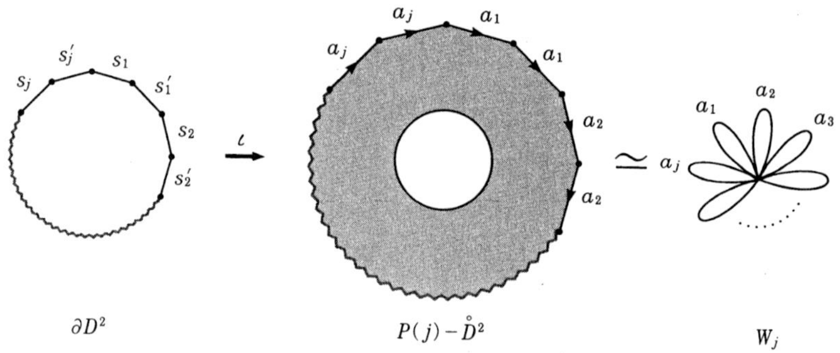

図 12.5

(i) の場合と同様に考えて ∂D^2 から W_j への写像が得られる．∂D^2 を $2j$ 等分する辺 s_i, s'_i $(1 \leq i \leq j)$ を考えると，この写像によって s_i, s'_i はともに同じ向きに a_i に写っていく(図 12.5)．これらのことより，

$$\boldsymbol{Z} \cong H_i(\partial D^2) \xrightarrow{\iota_{*1}} H_1(P(j)-\mathring{D}^2) \cong H_1(W_j) \cong \boldsymbol{Z}^j$$

は任意の $n \in \boldsymbol{Z}$ を $(2n, \cdots, 2n) \in \boldsymbol{Z}^j$ に写す写像であることがわかる． □

練習問題 12

1. 2次元球面 S^2 に埋め込まれた閉円板 D^2 に対し，$\iota: \partial D^2 \to S^2 - \mathring{D}^2$ を包含写像とする．このとき，$\iota_{*1}: H_1(\partial D^2) \to H_1(S^2 - \mathring{D}^2)$ は零写像であることを示せ．

2. 図12.6のような1次元複体 K および L を考え，単体写像 $\varphi: K \to L$ を $\varphi(u_1) = \varphi(u_4) = \varphi(u_7) = v_0$，$\varphi(u_2) = v_1$，$\varphi(u_3) = v_2$，$\varphi(u_5) = \varphi(u_9) = v_3$，$\varphi(u_6) = \varphi(u_8) = v_4$ により定義する．$|K| = S^1$，$|L| = W_2$ であるから，φ より準同形写像

$$\boldsymbol{Z} \cong H_1(S^1) \to H_1(W_2) \cong \boldsymbol{Z}^2$$

が得られる．この写像で各 $n \in \boldsymbol{Z}$ は $\boldsymbol{Z}^2$ のどんな元に写っていくか？

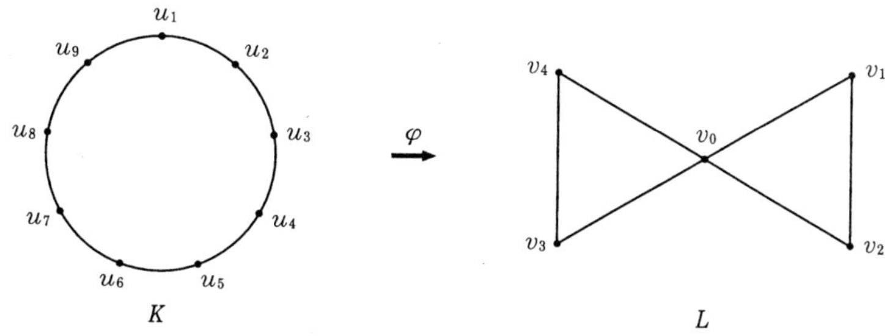

図12.6

§ 13. Mayer-Vietoris 完全系列

本節においては，具体的な多面体のホモロジー群を計算する際に有用である Mayer-Vietoris（マイヤー・ビエトリ）完全系列について述べる．

群と準同形写像の系列

$$G' \xrightarrow{f} G \xrightarrow{h} G''$$

（これを **3 項系列**という）は，$\mathrm{Im}\, f = \mathrm{Ker}\, h$ をみたすとき，**完全系列**と呼ばれる．

有限個あるいは無限個の群と準同形写像の系列

$$\cdots \longrightarrow G_{i-1} \xrightarrow{f_{i-1}} G_i \xrightarrow{f_i} G_{i+1} \xrightarrow{f_{i+1}} G_{i+2} \longrightarrow \cdots$$

が**完全系列**であるとは，任意の i に対して $\mathrm{Im}\, f_i = \mathrm{Ker}\, f_{i+1}$，すなわち連続した 3 項の部分系列がすべて完全であるときにいう．

次の定理は定義より容易に得られる．

定理 13.1 （i） $0 \longrightarrow G_1 \xrightarrow{f} G_2$ が完全 $\iff$ f は単射．

（ii） $G_1 \xrightarrow{f} G_2 \longrightarrow 0$ が完全 $\iff$ f は全射．

（iii） $0 \longrightarrow G_1 \xrightarrow{f} G_2 \longrightarrow 0$ が完全 $\iff$ f は同形写像．

複体 K が 2 つの部分複体 K_1, K_2 の和集合 $K = K_1 \cup K_2$ であるとする．このとき，$K_1 \cap K_2$ も複体である．鎖群 $C_p(K_1)$，$C_p(K_2)$，$C_p(K_1 \cap K_2)$ は $C_p(K)$ の部分群で，

$$C_p(K_1 \cap K_2) = C_p(K_1) \cap C_p(K_2)\,,$$
$$C_p(K) = \{\, c_1 + c_2 \mid c_1 \in C_p(K_1),\ c_2 \in C_p(K_2) \,\}$$

である．$C_p(K)$ の境界準同形写像 $\partial_p : C_p(K) \to C_{p-1}(K)$ に対して，

$$\partial_p(C_p(K_1)) \subset C_{p-1}(K_1), \qquad \partial_p(C_p(K_2)) \subset C_{p-1}(K_2)\,,$$
$$\partial_p(C_p(K_1 \cap K_2)) \subset C_{p-1}(K_1 \cap K_2)$$

であり，この ∂_p をそれぞれ $C_p(K_1)$，$C_p(K_2)$，$C_p(K_1 \cap K_2)$ に制限したも

のがそれぞれの鎖群の境界準同形写像であるので，簡単のためにこれらすべての境界準同形写像を同じ記号 ∂_p で表すことにしよう．

このとき準同形写像 $\Delta_p: H_p(K) \to H_{p-1}(K_1 \cap K_2)$ が次のようにして定義される．$z \in Z_p(K)$ を $z = c_1 + c_2$ （$c_1 \in C_p(K_1)$，$c_2 \in C_p(K_2)$）と表すとき，$0 = \partial_p(z) = \partial_p(c_1) + \partial_p(c_2)$ であるから，$\partial_p(c_1) = -\partial_p(c_2)$ である．この左辺は $C_{p-1}(K_1)$ の元，右辺は $C_{p-1}(K_2)$ の元であるから，結局，

$$\partial_p(c_1) \in C_{p-1}(K_1) \cap C_{p-1}(K_2) = C_{p-1}(K_1 \cap K_2)$$

である．さらに，$\partial_{p-1}(\partial_p(c_1)) = 0$ であるから，$\partial_p(c_1) \in Z_{p-1}(K_1 \cap K_2)$ である．これによって $Z_p(K)$ の元 $z = c_1 + c_2$ から $Z_{p-1}(K_1 \cap K_2)$ の元 $\partial_p(c_1)$ が定まった．ここで z に対して c_1, c_2 は一意的に決まるわけではないから，$\partial_p(c_1)$ も一意的ではない．しかし，ホモロジー類 $[z] \in H_p(K)$ に対してはホモロジー類 $[\partial_p(c_1)] \in H_{p-1}(K_1 \cap K_2)$ が一意的に定まる．これをみるためにもう1つの $z' \in Z_p(K)$ に対して $[z] = [z']$ とし，$z' = c_1' + c_2'$（$c_1' \in C_p(K_1)$，$c_2' \in C_p(K_2)$）としてみる．練習問題7の**2**でやったことと思うが，$C_{p+1}(K)$ の元 c があって，$\partial_{p+1}(c) = z - z'$ となる．$c = \tilde{c}_1 + \tilde{c}_2$（$\tilde{c}_1 \in C_{p+1}(K_1)$，$\tilde{c}_2 \in C_{p+1}(K_2)$）と表すとき，

$$\partial_{p+1}(\tilde{c}_1) + \partial_{p+1}(\tilde{c}_2) = \partial_{p+1}(c) = c_1 + c_2 - (c_1' + c_2')$$

であるから，これより

$$c_1 - c_1' - \partial_{p+1}(\tilde{c}_1) = c_2' - c_2 + \partial_{p+1}(\tilde{c}_2) \in C_p(K_1 \cap K_2)$$

であることがわかる．さらに

$$\partial_p(c_1) - \partial_p(c_1') = \partial_p(c_1 - c_1' - \partial_{p+1}(\tilde{c}_1)) \in B_p(K_1 \cap K_2)$$

となるから，$H_{p-1}(K_1 \cap K_2)$ において $[\partial_p(c_1)] = [\partial_p(c_1')]$ である．このことより，ホモロジー類 $[z]$ に対してはホモロジー類 $[\partial_p(c_1)]$ が一意的に決まることがわかった．したがって $\Delta_p([z]) = [\partial_p(c_1)]$ として写像 Δ_p：$H_p(K) \to H_{p-1}(K_1 \cap K_2)$ が得られ，さらにこれは準同形写像であることがわかる．

ここで老婆心ながらひとつ注意しておきたい．上の Δ_p の定義において $\partial_p(c_1)$ は境界輪体群の元であるから，$\Delta_p([z]) = [\partial_p(c_1)] = 0$ すなわち Δ_p

は零写像として定義されたに過ぎないのではないかと思った読者はいないであろうか？　それはその読者の早合点である．確かに $\partial_p(c_1)$ は境界輪体群の元，すなわち境界輪体であるが，K_1 の境界輪体なのであって，$K_1 \cap K_2$ の境界輪体とは限らない．すなわち $\partial_p(c_1) \in B_{p-1}(K_1)$ ではあるが，$\partial_p(c_1) \in B_{p-1}(K_1 \cap K_2)$ とは限らないのである．したがって上の定義によって Δ_p は零写像として定義されたわけではないのである．

さて，$i: K_1 \cap K_2 \to K_1$，$i': K_1 \cap K_2 \to K_2$，$j: K_1 \to K$，$j': K_2 \to K$ をいずれも包含写像とする．これらはすべて単体写像である．したがってホモロジー群の間の準同形写像 i_{*p}，i'_{*p}，j_{*p}，j'_{*p} を誘導する．準同形写像 $\alpha_p: H_p(K_1 \cap K_2) \to H_p(K_1) \oplus H_p(K_2)$ および $\beta_p: H_p(K_1) \oplus H_p(K_2) \to H_p(K)$ をそれぞれ，$[z] \in H_p(K_1 \cap K_2)$ に対して

$$\alpha_p([z]) = (i_{*p}([z]), -i'_{*p}([z])),$$

$([z_1], [z_2]) \in H_p(K_1) \oplus H_p(K_2)$ に対して

$$\beta_p([z_1], [z_2]) = j_{*p}([z_1]) + j'_{*p}([z_2])$$

によって定める．

以上で定義した準同形写像 $\alpha_p, \beta_p, \Delta_p$ の系列に対して，次の定理が得られる．

定理 13.2　複体 K およびその部分複体 K_1, K_2 に対して，$K = K_1 \cup K_2$ であるとき，

$$\cdots \longrightarrow H_{p+1}(K) \xrightarrow{\Delta_{p+1}} H_p(K_1 \cap K_2) \xrightarrow{\alpha_p} H_p(K_1) \oplus H_p(K_2)$$
$$\xrightarrow{\beta_p} H_p(K) \xrightarrow{\Delta_p} H_{p-1}(K_1 \cap K_2) \longrightarrow \cdots$$

は完全系列である．

この完全系列を複体の組 $(K; K_1, K_2)$ に関する **Mayer-Vietoris 完全系列**という．

［**証明**］　任意の p に対して，

(1)　$\mathrm{Im}\,\Delta_{p+1} = \mathrm{Ker}\,\alpha_p$，　(2)　$\mathrm{Im}\,\alpha_p = \mathrm{Ker}\,\beta_p$，　(3)　$\mathrm{Im}\,\beta_p = \mathrm{Ker}\,\Delta_p$

を示さねばならない．証明は長くなるが１つずつあせらずに着実にやっていこう．

(1-i) $\operatorname{Im}\Delta_{p+1} \subset \operatorname{Ker}\alpha_p$ の証明：

任意の $[z] \in H_{p+1}(K)$ に対し，$\alpha_p(\Delta_{p+1}([z])) = 0$ を示せばよい．$z = c_1 + c_2$ $(c_1 \in C_{p+1}(K_1),\ c_2 \in C_{p+1}(K_2))$ とするとき，

$$\begin{aligned}\alpha_p(\Delta_{p+1}([z])) &= \alpha_p([\partial_{p+1}(c_1)]) \\ &= (\,i_{*p}([\partial_{p+1}(c_1)]),\,-i'_{*p}([\partial_{p+1}(c_1)])\,) \\ &= ([\,i_{\sharp p}(\partial_{p+1}(c_1))],\,-[\,i'_{\sharp p}(\partial_{p+1}(c_1))])\end{aligned}$$

となる．ここで，

$$i_{\sharp p}(\partial_{p+1}(c_1)) = \partial_{p+1}(c_1) \in B_p(K_1)\,,$$
$$-i'_{\sharp p}(\partial_{p+1}(c_1)) = i'_{\sharp p}(\partial_{p+1}(c_2)) = \partial_{p+1}(c_2) \in B_p(K_2)$$

であるから，$H_p(K_1) \oplus H_p(K_2)$ において

$$\alpha_p(\Delta_{p+1}([z])) = (0, 0) = 0$$

であることがわかる．

(1-ii) $\operatorname{Im}\Delta_{p+1} \supset \operatorname{Ker}\alpha_p$ の証明：

$[z] \in H_p(K_1 \cap K_2)$ に対して，

$$\alpha_p([z]) = (\,i_{*p}([z]),\,-i'_{*p}([z])\,) = 0$$

とする．このとき，$i_{*p}([z]) = 0$，$i'_{*p}([z]) = 0$ だから，$z \in B_p(K_1)$，$z \in B_p(K_2)$ である．したがって，ある $c_1 \in C_{p+1}(K_1)$，$c_2 \in C_{p+1}(K_2)$ があって，$\partial_{p+1}(c_1) = z$，$\partial_{p+1}(c_2) = z$ となる．$c_1 - c_2 \in C_{p+1}(K)$ に対して，$\partial_{p+1}(c_1 - c_2) = \partial_{p+1}(c_1) - \partial_{p+1}(c_2) = 0$ だから，$c_1 - c_2 \in Z_{p+1}(K)$．そして，$\Delta_{p+1}([c_1 - c_2]) = [\partial_{p+1}(c_1)] = [z]$ となるから，$[z] \in \operatorname{Im}\Delta_{p+1}$ である．

(2-i) $\operatorname{Im}\alpha_p \subset \operatorname{Ker}\beta_p$ の証明：

任意の $[z] \in H_p(K_1 \cap K_2)$ に対し，$\beta_p(\alpha_p([z])) = 0$ を示せばよい．

$$\begin{aligned}\beta_p(\alpha_p([z])) &= \beta_p(\,i_{*p}([z]),\,-i'_{*p}([z])\,) \\ &= j_{*p}(i_{*p}([z])) - j'_{*p}(i'_{*p}([z]))\,.\end{aligned}$$

ここで $j \circ i = j' \circ i' : K_1 \cap K_2 \to K$，したがって $j_{*p} \circ i_{*p} = j'_{*p} \circ i'_{*p}$ であるから，$\beta_p(\alpha_p([z])) = 0$ となる．

(2-ii) $\operatorname{Im}\alpha_p \supset \operatorname{Ker}\beta_p$ の証明：

$([z_1], [z_2]) \in H_p(K_1) \oplus H_p(K_2)$ に対して，

$$\beta_p([z_1], [z_2]) = j_{*p}([z_1]) + j'_{*p}([z_2]) = 0$$

とすると，$H_p(K)$ において $[z_1+z_2]=0$ となる．したがって，ある $c\in C_{p+1}(K)$ があって，$\partial_{p+1}(c)=z_1+z_2$ となる．この c を $c=c_1+c_2$（$c_1\in C_{p+1}(K_1)$，$c_2\in C_{p+1}(K_2)$）と表すとき，

$$\partial_{p+1}(c_1)+\partial_{p+1}(c_2)=\partial_{p+1}(c)=z_1+z_2$$

であるから，

$$z_1-\partial_{p+1}(c_1)=-z_2+\partial_{p+1}(c_2)\in C_p(K_1\cap K_2)$$

となる．さらに，$\partial_p(z_1-\partial_{p+1}(c_1))=0$ である．そして，$H_p(K_1)\oplus H_p(K_2)$ において

$$\alpha_p([z_1-\partial_{p+1}(c_1)])=(\,i_{*p}([z_1-\partial_{p+1}(c_1)]),-i'_{*p}([z_1-\partial_{p+1}(c_1)])\,)$$

となり，

$$\begin{aligned} i_{*p}([z_1-\partial_{p+1}(c_1)]) &= [z_1]-[\partial_{p+1}(c_1)]=[z_1], \\ -i'_{*p}([z_1-\partial_{p+1}(c_1)]) &= i'_{*p}([z_2-\partial_{p+1}(c_2)]) \\ &= [z_2]-[\partial_{p+1}(c_2)]=[z_2] \end{aligned}$$

となる．よって $\alpha_p([z_1-\partial_{p+1}(c_1)])=([z_1],[z_2])\in\operatorname{Im}\alpha_p$ である．

(3-i)　$\operatorname{Im}\beta_p\subset\operatorname{Ker}\Delta_p$ の証明：

任意の $([z_1],[z_2])\in H_p(K_1)\oplus H_p(K_2)$ に対して，

$$\begin{aligned} \Delta_p(\,\beta_p([z_1],[z_2])\,) &= \Delta_p(\,j_{*p}([z_1])+j'_{*p}([z_2])\,) \\ &= \Delta_p([z_1+z_2])=[\partial_p(z_1)]=[0]=0. \end{aligned}$$

よって，$\operatorname{Im}\beta_p\subset\operatorname{Ker}\Delta_p$ が示された．

(3-ii)　$\operatorname{Im}\beta_p\supset\operatorname{Ker}\Delta_p$ の証明：

$[z]\in H_p(K)$ に対して，$z=c_1+c_2$（$c_1\in C_p(K_1), c_2\in C_p(K_2)$）と表すとき，

$$\Delta_p([z])=[\partial_p(c_1)]=0,$$

すなわち，ある $c\in C_p(K_1\cap K_2)$ があって，$\partial_p(c)=\partial_p(c_1)$ とする．$z=c_1+c_2$ であるが，これを $z=(c_1-c)+(c_2+c)$ と考える．ここで，

$$\begin{aligned} &\partial_p(c_1-c)=\partial_p(c_1)-\partial_p(c)=0, \\ &\partial_p(c_2+c)=\partial_p(z-c_1+c)=\partial_p(z)-\partial_p(c_1)+\partial_p(c)=0 \end{aligned}$$

であるから，$c_1-c\in Z_p(K_1)$，$c_2+c\in Z_p(K_2)$ である．そして

$$\beta_p([c_1-c],[c_2+c])=[z]\in\operatorname{Im}\beta_p$$

となり，$\operatorname{Im}\beta_p\supset\operatorname{Ker}\Delta_p$ が示された．

長い証明であったが，これでやっと定理の証明が終わった．　□

X_1, X_2 および $X = X_1 \cup X_2$ を多面体とし，これらの単体分割 K_1, K_2, K は $K = K_1 \cup K_2$ をみたしているとする．このとき，$X_1 \cap X_2$ も多面体で $K_1 \cap K_2$ がその単体分割である．Mayer-Vietoris 完全系列に現れる 3 種の準同形写像 $\alpha_p, \beta_p, \Delta_p$ は複体のホモロジー群の間の準同形写像であったが，これを多面体のホモロジー群の間の準同形写像と考え，同じ記号を使って表すことにする：

$$\alpha_p: H_p(X_1 \cap X_2) = H_p(K_1 \cap K_2) \to H_p(K_1) \oplus H_p(K_2) = H_p(X_1) \oplus H_p(X_2),$$

$$\beta_p: H_p(X_1) \oplus H_p(X_2) = H_p(K_1) \oplus H_p(K_2) \to H_p(K) = H_p(X),$$

$$\Delta_p: H_p(X) = H_p(K) \to H_{p-1}(K_1 \cap K_2) = H_{p-1}(X_1 \cap X_2).$$

$\iota: X_1 \cap X_2 \to X_1$，$\iota': X_1 \cap X_2 \to X_2$，$\theta: X_1 \to X$，$\theta': X_2 \to X$ をいずれも包含写像とするとき，任意の $\tau \in H_p(X_1 \cap X_2)$ に対し，

$$\alpha_p(\tau) = (\iota_{*p}(\tau), -\iota'_{*p}(\tau)),$$

任意の $(\tau_1, \tau_2) \in H_p(X_1) \oplus H_p(X_2)$ に対し，

$$\beta_p(\tau_1, \tau_2) = \theta_{*p}(\tau_1) + \theta'_{*p}(\tau_2)$$

であることに注意してほしい．

複体のホモロジー群を多面体のホモロジー群として書き替えるだけのことではあるが，定理 13.2 より次の系が得られる．

系 13.3　上のような多面体 X_1，X_2，$X = X_1 \cup X_2$ に対して，

$$\cdots \longrightarrow H_{p+1}(X) \xrightarrow{\Delta_{p+1}} H_p(X_1 \cap X_2) \xrightarrow{\alpha_p} H_p(X_1) \oplus H_p(X_2) \xrightarrow{\beta_p} H_p(X) \xrightarrow{\Delta_p} H_{p-1}(X_1 \cap X_2) \longrightarrow \cdots$$

は完全系列である．

この完全系列を多面体の組 $(X; X_1, X_2)$ に関する **Mayer-Vietoris 完全系列**という．

この完全系列を用いて 2 次元球面 S^2 のホモロジー群を計算してみよう．$S^2 = \{(x_1, x_2, x_3) \in \boldsymbol{R}^3 \mid x_1^2 + x_2^2 + x_3^2 = 1\}$ に対して，

$$S^2_+ = \{ (x_1, x_2, x_3) \in S^2 \mid x_3 \geq 0 \},$$
$$S^2_- = \{ (x_1, x_2, x_3) \in S^2 \mid x_3 \leq 0 \}$$

とすれば,

$$S^2_+ \cup S^2_- = S^2,$$
$$S^2_+ \cap S^2_- = \{ (x_1, x_2, 0) \in S^2 \} = S^1$$

である．よって $(S^2; S^2_+, S^2_-)$ に関する次の Mayer-Vietoris 完全系列が得られる：

$$\cdots \to H_{p+1}(S^2) \xrightarrow{\Delta_{p+1}} H_p(S^1) \xrightarrow{\alpha_p} H_p(S^2_+) \oplus H_p(S^2_-)$$
$$\xrightarrow{\beta_p} H_p(S^2) \xrightarrow{\Delta_p} H_{p-1}(S^1) \longrightarrow \cdots.$$

例 1.2 で既に示されているように S^2_+ および S^2_- はともに D^2 と同相であり, D^2 は可縮であるから, 系 10.5 より $H_0(S^2_\pm) \cong \boldsymbol{Z}$, $H_p(S^2_\pm) = 0$ $(p \neq 0)$ であることを注意しておく.

定理 13.4

$$H_p(S^2) \cong \begin{cases} \boldsymbol{Z} & (p = 0, 2), \\ 0 & (\text{その他の } p). \end{cases}$$

［**証明**］ $p > 2$ あるいは $p < 0$ ならば, ホモロジー群の定義より $H_p(S^2) = 0$ である．また, S^2 は連結であるから, 定理 10.6 より $H_0(S^2) \cong \boldsymbol{Z}$ である．後は $p = 1$ と $p = 2$ の場合について考えればよい．上記の $(S^2; S^2_+, S^2_-)$ に関する Mayer-Vietoris 完全系列の次の部分を考える：

$$\begin{array}{ccccccc} H_1(S^2_+) \oplus H_1(S^2_-) & \xrightarrow{\beta_1} & H_1(S^2) & \xrightarrow{\Delta_1} & H_0(S^1) & \xrightarrow{\alpha_0} & H_0(S^2_+) \oplus H_0(S^2_-) \\ \| & & & & \wr\| & & \wr\| \\ 0 & & & & \boldsymbol{Z} & & \boldsymbol{Z}^2 \end{array}$$

この系列において定理 13.1 より, Δ_1 は単射である．また α_p の定義および定理 12.3 より, α_0 も単射である．よって

$$0 = \operatorname{Ker} \alpha_0 = \operatorname{Im} \Delta_1,$$

すなわち Δ_1 は零写像である．しかるに Δ_1 は単射であるから, $H_1(S^2) = 0$ でなければならない.

次に Mayer-Vietoris 完全系列の次の部分を考える：

$$\begin{array}{ccccccc} H_2(S^2_+) \oplus H_2(S^2_-) & \xrightarrow{\beta_2} & H_2(S^2) & \xrightarrow{\Delta_2} & H_1(S^1) & \xrightarrow{\alpha_1} & H_1(S^2_+) \oplus H_1(S^2_-) \\ \| & & & & & & \| \\ 0 & & & & & & 0 \end{array}$$

これと定理 13.1 より，$H_2(S^2) \cong H_1(S^1)$ である．S^1 に対しては既に例 10.1 で示してあるように，$H_1(S^1) \cong \boldsymbol{Z}$ である．よって $H_2(S^2) \cong \boldsymbol{Z}$ である．□

Mayer-Vietoris 完全系列はホモロジー群を計算する際に大変に有用な道具である．これを使って次節ではすべての閉曲面のホモロジー群を計算してみよう．本節ではまず手始めに S^2 のホモロジー群 $H_p(S^2)$ を計算してみた．$H_p(S^2)$ の計算はホモロジー群の定義から直接計算することも容易である．Mayer-Vietoris 完全系列を使うというのは道具立てが大がかり過ぎたかもしれない．

練習問題 13

1.　σ を 3-単体とするとき，例 5.6 で述べたように複体 $K(\dot{\sigma})$ は S^2 の単体分割である．このことより $H_p(S^2)$ をホモロジー群の定義より直接計算してみよ．

2.　多面体の組 $(X; X_1, X_2)$ に対して，$\dim(X_1 \cap X_2) + 2 \leq p$ ならば，

$$H_p(X) \cong H_p(X_1) \oplus H_p(X_2)$$

であることを示せ．

3.　1 点を共有する 2 つの S^2 よりなる多面体のホモロジー群を計算せよ．

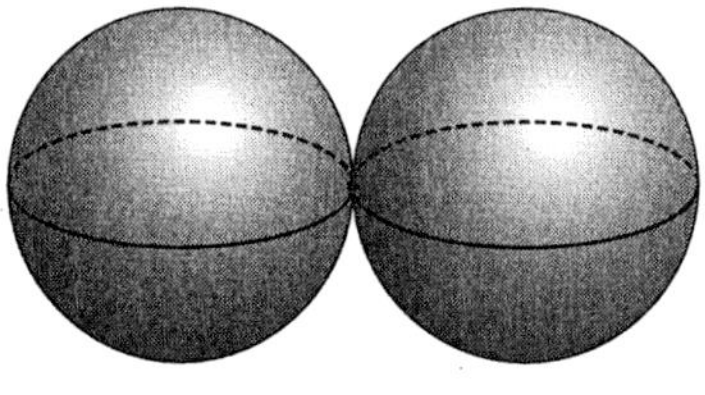

図 13.1

§ 14. 閉曲面のホモロジー群と最小単体分割

本節ではすべての閉曲面のホモロジー群を計算する．2 次元球面 S^2 については既に定理 13.4 で計算してあるので，i 個のトーラス T^2 の連結和 $T(i)$ と j 個の射影平面 P^2 の連結和 $P(j)$ について考える．

定理 14.1　$T(i)$ のホモロジー群は次の通りである：

$$H_p(T(i)) \cong \begin{cases} \boldsymbol{Z} & (p=0,2), \\ \boldsymbol{Z}^{2i} & (p=1), \\ 0 & (\text{その他の } p). \end{cases}$$

[**証明**]　$T(i)$ の中に埋め込まれた閉円板 D^2 を考える．

$$(T(i)-\mathring{D}^2) \cup D^2 = T(i), \qquad (T(i)-\mathring{D}^2) \cap D^2 = \partial D^2$$

である．多面体の組 $(T(i); T(i)-\mathring{D}^2, D^2)$ に関する Mayer-Vietoris 完全系列の次の部分を考える：

$$(*) \qquad H_1(\partial D^2) \xrightarrow{\alpha_1} H_1(T(i)-\mathring{D}^2) \oplus H_1(D^2) \xrightarrow{\beta_1} H_1(T(i))$$
$$\xrightarrow{\Delta_1} H_0(\partial D^2) \xrightarrow{\alpha_0} H_0(T(i)-\mathring{D}^2) \oplus H_0(D^2).$$

系 10.5 より $H_1(D^2)=0$ であることおよび定理 12.4 (i) より，α_1 は零写像である．また前節の $(S^2; S^2_+, S^2_-)$ の場合と同様に α_0 は単射である．よって Δ_1 は零写像である．これらのことと完全系列 $(*)$ より次の完全系列が得られる：

$$0 \longrightarrow H_1(T(i)-\mathring{D}^2) \longrightarrow H_1(T(i)) \longrightarrow 0.$$

これと定理 12.1 より

$$H_1(T(i)) \cong H_1(T(i)-\mathring{D}^2) \cong H_1(W_{2i}) \cong \boldsymbol{Z}^{2i}$$

である．

次に完全系列

$$(**) \qquad H_2(T(i)-\mathring{D}^2) \oplus H_2(D^2) \xrightarrow{\beta_2} H_2(T(i)) \xrightarrow{\Delta_2} H_1(\partial D^2)$$
$$\xrightarrow{\alpha_1} H_1(T(i)-\mathring{D}^2) \oplus H_1(D^2)$$

を考える．$T(i)-\mathring{D}^2$ は 1 次元多面体 W_{2i} とホモトピー型が等しく，D^2 は可縮であるから，$H_2(T(i)-\mathring{D}^2) \oplus H_2(D^2)=0$ である．また完全系列 $(*)$ においてみ

たように α_1 は零写像である．したがって（＊＊）より完全系列

$$0 \longrightarrow H_2(T(i)) \longrightarrow H_1(\partial D^2) \longrightarrow 0$$

が得られる．これより

$$H_2(T(i)) \cong H_1(\partial D^2) \cong \boldsymbol{Z}$$

となる．

以上で $H_1(T(i))$ および $H_2(T(i))$ が計算された．その他の $H_p(T(i))$ については明らかである． □

ホモロジー群の計算をその定義にしたがって単体分割や鎖群の段階から計算していくことは，大変に泥臭く辛気臭い仕事である．これまでのいくつかの具体例の計算において読者自身もそのように感じたことと思う．しかし上の定理の証明においては驚くほどスマートにホモロジー群が計算された．Mayer-Vietoris 完全系列の有用性と強力さのためである．次の定理の証明においてもその強力さを読者は再び実感することであろう．

定理 14.2 $P(j)$ のホモロジー群は次の通りである：

$$H_p(P(j)) \cong \begin{cases} \boldsymbol{Z} & (p=0), \\ \boldsymbol{Z}^{j-1} \oplus \boldsymbol{Z}_2 & (p=1), \\ 0 & (\text{その他の } p). \end{cases}$$

ここに，$\boldsymbol{Z}_2$ は § 11 で定義した位数 2 の巡回群である．

[**証明**] この証明も $p=1$ の場合と $p=2$ の場合を示せば十分であろう．多面体の組（$P(j)\,;\,P(j)-\mathring{D}^2, D^2$）に関する Mayer-Vietoris 完全系列より次の完全系列を得る：

$$H_1(\partial D^2) \xrightarrow{\alpha_1} H_1(P(j)-\mathring{D}^2) \oplus H_1(D^2) \xrightarrow{\beta_1} H_1(P(j)) \xrightarrow{\Delta_1} H_0(\partial D^2)$$
$$\xrightarrow{\alpha_0} H_0(P(j)-\mathring{D}^2) \oplus H_0(D^2)\,.$$

（$S^2\,;\,S^2_+, S^2_-$）や（$T(i)\,;\,T(i)-\mathring{D}^2, D^2$）の場合と同様に Δ_1 は零写像である．また，$H_1(\partial D^2) \cong \boldsymbol{Z}$，$H_1(P(j)-\mathring{D}^2) \oplus H_1(D^2) \cong \boldsymbol{Z}^j$ である．

$$\Gamma_2 : \boldsymbol{Z} \to \boldsymbol{Z}^j$$

を任意の $n \in \boldsymbol{Z}$ に対し，$\Gamma_2(n) = (2n, \cdots, 2n)$ なる準同形写像とするとき，定理

12.4 (ii) より α_1 はこの Γ_2 であると考えることができる．以上のことより次の完全系列が得られる：

$$\boldsymbol{Z} \xrightarrow{\Gamma_2} \boldsymbol{Z}^j \xrightarrow{\beta_1'} H_1(P(j)) \longrightarrow 0 .$$

ここに β_1' は β_1 より得られる準同形写像である．β_1' は全射であり，$\mathrm{Im}\,\Gamma_2 = \mathrm{Ker}\,\beta_1'$ であるから，準同形定理より

$$\boldsymbol{Z}^j/\mathrm{Im}\,\Gamma_2 \cong H_1(P(j))$$

となる．純粋に代数的な考察より，

$$\boldsymbol{Z}^j/\mathrm{Im}\,\Gamma_2 \cong \boldsymbol{Z}^{j-1} \oplus \boldsymbol{Z}_2$$

となることがわかるので，$H_1(P(j))$ に関して求めるべき結果が得られる．

問 14.1 $\boldsymbol{Z}^j/\mathrm{Im}\,\Gamma_2 \cong \boldsymbol{Z}^{j-1} \oplus \boldsymbol{Z}_2$ を示せ．

次に $H_2(P(j))$ について考えよう．完全系列

$$H_2(P(j) - \mathring{D}^2) \oplus H_2(D^2) \xrightarrow{\beta_2} H_2(P(j)) \xrightarrow{\Delta_2} H_1(\partial D^2)$$
$$\xrightarrow{\alpha_1} H_1(P(j) - \mathring{D}^2) \oplus H_1(D^2)$$

より，$(T(i)\,;T(i) - \mathring{D}^2, D^2)$ の場合と同様に考えて，完全系列

$$0 \longrightarrow H_2(P(j)) \xrightarrow{\Delta_2'} \boldsymbol{Z} \xrightarrow{\Gamma_2} \boldsymbol{Z}^j$$

が得られる．

ここに Δ_2' は Δ_2 より得られる準同形写像である．この完全系列より

$$H_2(P(j)) \cong \mathrm{Im}\,\Delta_2' = \mathrm{Ker}\,\Gamma_2 = 0$$

となり，求めるべき結果が得られる． □

以上ですべての閉曲面のホモロジー群が計算された．これらの結果とオイラー標数についての結果を次の表にまとめておく．

	H_0	H_1	H_2	その他の H_p	χ
S^2	$\boldsymbol{Z}$	0	$\boldsymbol{Z}$	0	2
$T(i)$	$\boldsymbol{Z}$	$\boldsymbol{Z}^{2i}$	$\boldsymbol{Z}$	0	$2-2i$
$P(j)$	$\boldsymbol{Z}$	$\boldsymbol{Z}^{j-1} \oplus \boldsymbol{Z}_2$	0	0	$2-j$

この表より，$S^2, T(i), P(j)$ のホモロジー群を比較してみることにより，これらは互いに同相ではないことがわかる．閉曲面の分類について述べた定理 4.1 の証明に関して，§11 でも注意したように，証明すべきことでまだ残っていることは $T(i)$ と $P(j)$ が同相でないことを示すことであったが，このことが上の表より示されたことになる．長い道のりであったが，これでやっと定理 4.1 の証明が完了した．

さて次に話題を変えてオイラー標数の応用として，閉曲面の単体分割における単体の個数について考えてみよう．これまでもそうであったように，複体 K における p-単体の個数を $\rho_p(K)$ で表すことにするとき，次の定理が得られる．

定理 14.3　閉曲面 M の単体分割 K に対して，次の (i), (ii), (iii) が成り立つ：

(i)　$3\rho_2(K) = 2\rho_1(K)$,

(ii)　$\rho_1(K) = 3(\rho_0(K) - \chi(M))$,

(iii)　$\rho_0(K) \geq \frac{1}{2}(7 + \sqrt{49 - 24\chi(M)})$.

［証明］　各 2-単体はその辺として 3 つずつの 1-単体をもち，各 1-単体は 2 つの 2-単体の共通の辺であることより，(i) がいえる．

定理 11.3 と上の (i) より，

$$\begin{aligned}\chi(M) &= \rho_0(K) - \rho_1(K) + \rho_2(K) \\ &= \rho_0(K) - \rho_1(K) + \frac{2}{3}\rho_1(K)\end{aligned}$$

であるから (ii) がいえる．

$\rho_0(K)$ 個の 0-単体の中から 2 つの 0-単体を取り出す組み合わせは

$$\frac{1}{2}\rho_0(K)(\rho_0(K) - 1)$$

通りある．1-単体は 2 つの 0-単体により決まるから，

$$\frac{1}{2}\rho_0(K)(\rho_0(K) - 1) \geq \rho_1(K) .$$

これより (i) を使って

$$\rho_0(K)(\rho_0(K)-1) \geq 6(\rho_1(K)-\rho_2(K))$$

が得られる．この両辺に $-6\rho_0(K)$ を加えて

$$\begin{aligned}\rho_0(K)^2-7\rho_0(K) &\geq -6(\rho_0(K)-\rho_1(K)+\rho_2(K))\\ &= -6\chi(M)\,.\end{aligned}$$

これを 4 倍し，さらに 49 を加えて，

$$(2\rho_0(K)-7)^2 \geq 49-24\chi(M)\,,$$

したがって

$$2\rho_0(K)-7 \geq \sqrt{49-24\chi(M)}$$

となり，(iii) が得られる． □

閉曲面 M のオイラー標数 $\chi(M)$ がわかれば，定理 14.3 を使って M の単体分割 K における各次元の単体の個数の下限が得られる．§5 で約束した通り，いくつかの閉曲面に対して単体の個数が最も少ない単体分割について考えてみよう．

例 14.1 K を球面 S^2 の単体分割とする．$\chi(S^2)=2$ であることと定理 14.3 (iii) より，

$$\rho_0(K) \geq \frac{1}{2}(7+\sqrt{49-24\chi(S^2)}\,)=4\,.$$

このことと定理 14.3 (ii) より，

$$\rho_1(K)=3(\rho_0(K)-\chi(S^2)) \geq 6\,.$$

さらに定理 14.3 (i) より

$$\rho_2(K)=\frac{2}{3}\rho_1(K) \geq 4$$

が得られる．したがって，S^2 のどんな単体分割も少なくとも 4 個の 0-単体，6 個の 1-単体，4 個の 2-単体をもたねばならない．すなわち，各次元の単体の個数をこれより少なくすることはできない．σ を 3-単体とするとき，$K(\dot{\sigma})$ は S^2 の単体分割であることを例 5.6 で述べた．この単体分割には 0-単体が 4 個，1-単体が 6 個，2-単体が 4 個ある．したがって，この単体分割が S^2 の単体分割としては最も単体の個数が少ない分割である． ◇

例 14.2 S^2 と同様のことをトーラス T^2 に対しても考えてみよう．T^2 の単体分割 K に対して，例 14.1 と同様にして，

$$\rho_0(K) \geq 7, \quad \rho_1(K) \geq 21, \quad \rho_2(K) \geq 14$$

が得られる．したがって，T^2 の単体分割としては，§5 の図 5.9 で与えた単体分割が最も単体の個数が少ない分割である． ◇

問 14.2 例 14.2 と同様のことを射影平面についても考えてみよ．

練習問題 14

1. 閉曲面 M の単体分割 K に対して，次を示せ．

(i) $\rho_0(K) \leq \rho_2(K)$

(ii) $2\rho_0(K) \leq \rho_2(K) + 4$

(iii) $3\rho_0(K) \leq 2\rho_1(K)$

§ 15. いろいろな応用

前節でオイラー標数の応用として，閉曲面の最小単体分割について考えたが，本節ではもう1つオイラー標数の応用として正p面体の存在と非存在について考える．そして球面のホモロジー群の応用としてBrouwer(ブロウエル)の不動点定理，そしてさらにその応用としてLebesgue(ルベーグ)の敷石定理について述べる．

§3において境界付き位相多様体Xとその境界∂Xの定義を与えた．そこでも述べたように，例えば閉円板D^nは境界付き位相多様体で，その境界は$\partial D^n = S^{n-1}$であった．§6では$\boldsymbol{R}^m$の2点p, qに対して，それらを端点とする線分$\{(1-t)p + tq \mid 0 \leq t \leq 1\}$を$[p, q]$で表した．$\boldsymbol{R}^m$の部分集合$A$の任意の2点$p, q$に対して，$[p, q] \subset A$であるとき，$A$は**凸集合**と呼ばれる．

例 15.1 次の図はいずれも$\boldsymbol{R}^3$の凸集合である．そしてD^3と同相な位相多様体で，その境界はS^2と同相である． ◇

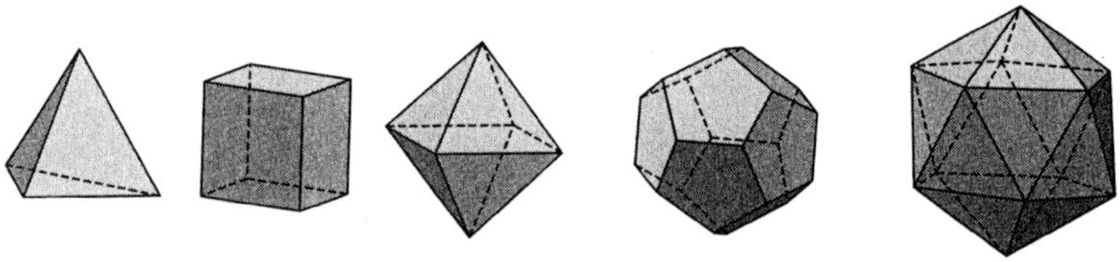

図 15.1

上の図をさらにじっくりながめてみると，次のことに気付くはずである：

(i) 境界は互いに合同なp個の正m角形の面からなり，

(ii) 各正m角形の各辺は2つの正m角形の共通の辺になっており，

(iii) 各頂点における状態は同じ，したがってどの頂点からも同じ個数の辺が出ている．

このような $\boldsymbol{R}^3$ の部分集合を**正 $\boldsymbol{p}$ 面体**という．図 15.1 は左から順に正 4 面体，正 6 面体，正 8 面体，正 12 面体，正 20 面体の図である．ではこれ以外に，例えば正 10 面体とか正 50 面体などはどのような形になるであろうか？　実は正 p 面体は上の 5 つ以外には存在しないのである．定理 15.2 においてこのことを示す．その前にまず次の定理を示そう．

定理 15.1　正 p 面体の頂点，辺，面の個数をそれぞれ γ_0，γ_1，$\gamma_2 = p$ とするとき，どんな正 p 面体に対しても，

$$\gamma_0 - \gamma_1 + \gamma_2 = 2$$

が成り立つ．

［証明］　正 p 面体の面を $\tau_1, \tau_2, \cdots, \tau_p$ とし，各 τ_i は正 m 角形であるとする．この正 p 面体の境界を S とすると，$S = \tau_1 \cup \tau_2 \cup \cdots \cup \tau_p$ である．各 τ_i の内部に 1 点 v_i をとり，図 15.2 のように m 個の 3 角形に分割する．

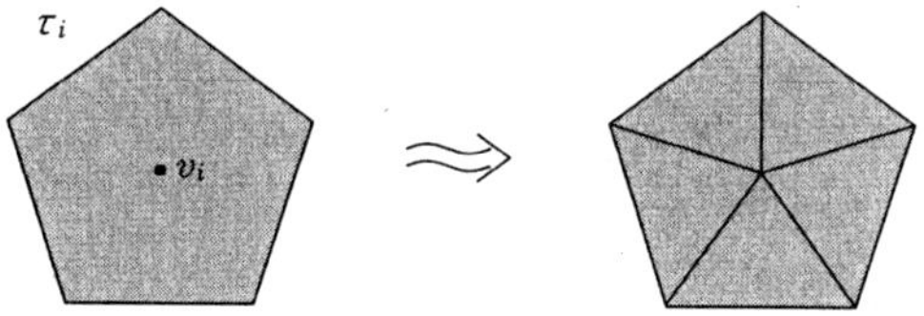

図 15.2

このようにして S の単体分割 K が得られる．このとき，

$$\rho_0(K) = \gamma_0 + \gamma_2,\quad \rho_1(K) = \gamma_1 + m\gamma_2,\quad \rho_2(K) = m\gamma_2$$

である．よって定理 11.3 より

$$\chi(S) = \rho_0(K) - \rho_1(K) + \rho_2(K) = \gamma_0 - \gamma_1 + \gamma_2.$$

一方，S は S^2 と同相であるから，定理 11.2 と定理 11.5 より，$\chi(S) = 2$ である．これより $\gamma_0 - \gamma_1 + \gamma_2 = 2$ が得られる．　□

定理 15.2　正 p 面体が存在する p の値は $4, 6, 8, 12, 20$ のみである．

［証明］　$p = 4, 6, 8, 12, 20$ のときは，例 15.1 で見たように確かに存在する．これ以外には存在しないことを以下に示そう．

定理 15.1 と同様に，与えられた正 p 面体の頂点，辺，面の個数をそれぞれ γ_0，

γ_1, $\gamma_2 = p$ とし，各面は正 m 角形で，各頂点からは n 個の辺が出ているとする．このとき $m \geq 3$, $n \geq 3$ で，

$$n\gamma_0 = 2\gamma_1 = m\gamma_2$$

が成り立つ．よって

$$\gamma_0 = \frac{m\gamma_2}{n}, \qquad \gamma_1 = \frac{m\gamma_2}{2}$$

となり，定理 15.1 より，$\gamma_0 - \gamma_1 + \gamma_2 = 2$ であるから

$$\frac{m\gamma_2}{n} - \frac{m\gamma_2}{2} + \gamma_2 = 2$$

である．これより $\gamma_2(2m - mn + 2n) = 4n$ が得られる．したがって $2m - mn + 2n > 0$ となるから，

$$2n > m(n-2) \geq 3(n-2) = 3n - 6.$$

よって $n < 6$ である．以上をまとめて

$$\gamma_2(2m - mn + 2n) = 4n, \quad m \geq 3, \quad 3 \leq n < 6.$$

これより (m, n, γ_2) がとり得る値は

$$(m, n, \gamma_2) = (3, 3, 4), \ (4, 3, 6), \ (3, 4, 8), \ (5, 3, 12), \ (3, 5, 20)$$

しかない．よって，$p = \gamma_2$ がとり得る値は 4, 6, 8, 12, 20 のみである． □

さて，次の話題に進もう．X を位相空間とし，$f : X \to X$ を連続写像とするとき，$f(x) = x$ となる点 $x \in X$ を f の**不動点**という．不動点とは文字通り，写像 f によって動かない点のことである．

n 次元球面

$$S^n = \{ (x_1, x_2, \cdots, x_{n+1}) \in \boldsymbol{R}^{n+1} \mid x_1^2 + x_2^2 + \cdots + x_{n+1}^2 = 1 \}$$

の点 $x = (x_1, x_2, \cdots, x_{n+1})$ に対して，

$$-x = (-x_1, -x_2, \cdots, -x_{n+1})$$

と定めれば，$-x$ もまた S^n の点である．連続写像 $a : S^n \to S^n$ を $a(x) = -x$ と定めれば，$x \neq -x$ であるから，a は不動点をもたない．

一方で n 次元閉円板

$$D^n = \{ (x_1, x_2, \cdots, x_n) \in \boldsymbol{R}^n \mid x_1^2 + x_2^2 + \cdots + x_{n+1}^2 \leq 1 \}$$

に対しては，ホモロジー群を援用して次の定理が示せる．

定理 15.3　(**Brouwer の不動点定理**)　任意の $n \geq 0$ に対して，どんな連続写像 $f: D^n \to D^n$ も必ず不動点をもつ．

［**証明**］　$n=0$ のとき D^0 は 1 点であるから，明らかである．$n \geq 1$ として，いま仮に f が不動点をもたないとしてみよう．そうすれば任意の $x \in D^n$ に対して，$f(x) \neq x$ である．$f(x)$ から x の方向に半直線をひき，それが境界 $\partial D^n = S^{n-1}$ と交わる点を $g(x)$ とする（図 15.3）．これより写像 $g: D^n \to S^{n-1}$ が得られる．$g(x)$ は適当な $t \in \boldsymbol{R}$ に対して，

$$g(x) = tx + (1-t)f(x)$$

と表される．t は x に依存して決まるが，x が連続的に変わるとき，t も連続的に変わるので，g は連続写像であることがわかる．$x \in S^{n-1}$ のときは $g(x) = x$ である．すなわち S^{n-1} 上では g は恒等写像である．

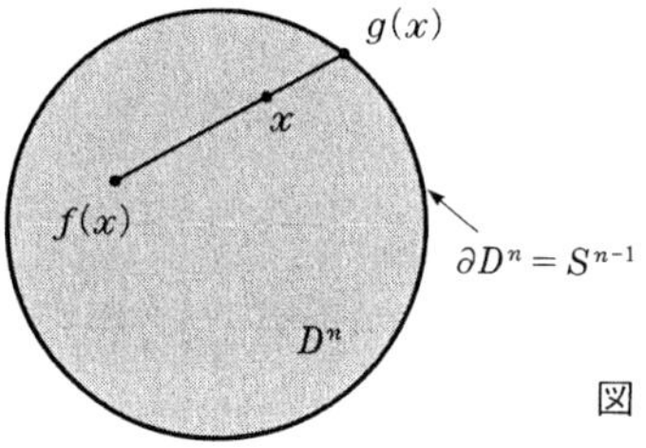

図 15.3

$n=1$ のとき，$g: D^1 \to S^0$ について考えると，D^1 は連結であるが，$S^0 = \{\pm 1\}$ は連結ではない．よって g は $+1$ かあるいは -1 への定値写像でないといけない．しかるに g は $\partial D^1 = S^0$ 上では恒等写像というのであるから，これは矛盾である．よって $f: D^1 \to D^1$ は不動点をもたねばならない．

以下 $n \geq 2$ とする．$i: S^{n-1} \to D^n$ を包含写像として，次の図式を考える：

$$\begin{array}{ccccc} H_{n-1}(S^{n-1}) & \xrightarrow{i_{*n-1}} & H_{n-1}(D^n) & \xrightarrow{g_{*n-1}} & H_{n-1}(S^{n-1}) \\ \wr\Vert & & \Vert & & \wr\Vert \\ \boldsymbol{Z} & & 0 & & \boldsymbol{Z} \end{array}$$

これより $g_{*n-1} \circ i_{*n-1} = (g \circ i)_{*n-1}$ は零写像である．一方，$g \circ i: S^{n-1} \to S^{n-1}$ は恒等写像であるから，定理 10.2 より $(g \circ i)_{*n-1}$ も恒等写像である．しかしこれは矛盾である．したがって，$f: D^n \to D^n$ は不動点をもたねばならない．　□

以上のようにして Brouwer の不動点定理は証明される．ただしここで $H_{n-1}(S^{n-1}) \cong \boldsymbol{Z}$ という結果を使った．注意深い読者は気付いているに違いないが，この結果を本書では $n=2,3$ のときしか証明していない（例 10.1, 定理 13.4）．$H_{n-1}(S^{n-1}) \cong \boldsymbol{Z}$ は任意の $n>1$ に対して正しい．ホモロジー群の定義より直接計算するか，あるいは定理 13.4 の証明のように Mayer-Vietoris 完全系列を使って計算することができる．意欲のある読者はこの計算に挑戦してみてほしい．

閉円板に対してはどんな連続写像 $f: D^n \to D^n$ も不動点をもつことを示したが，このような性質をもつ位相空間は他にもある．証明は省略するが，多面体 X が可縮であればどんな連続写像 $f: X \to X$ も不動点をもつ．それから射影平面 P^2 に対しても，どんな連続写像 $f: P^2 \to P^2$ も不動点をもつ．しかし既に述べたように球面 S^2 に対しては不動点をもたない連続写像が存在するし，トーラス T^2 に対しても不動点をもたないものが存在する．このことは節末の練習問題としよう．

例 15.2 Brouwer の不動点定理の面白い応用例をあげよう．

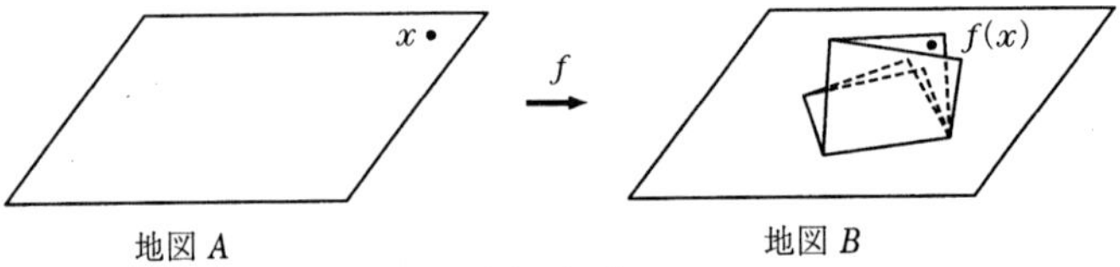

図 15.4

上の図において地図 A と地図 B は同じ地図であるとする．A の方を任意に折りたたんで，B の上にのせる．ただし，B からはみ出さないようにする．このとき A から B への連続写像が定まる．A の点 x に対して，x の下にある B の点を $f(x)$ とするのである．A, B をともに 2 次元閉円板 D^2 と同一視するとき，Brouwer の不動点定理が主張するところによれば，$f(x_0)=x_0$ となる点 x_0 が存在する．このことは A を折りたたんで B の上にのせたときに，点 x_0 は x_0 の上にのっていることを意味している．A をどのように折りたたんでも，はみ出さない限り B 上のどんな部分にのせても，同じ地点に対応する A, B の点が重なり合うことを，Brouwer の不動点定理は保証しているのである．A, B を日本地図だとすれば，その重なり合う地点は読者の大学が存在する地点かもしれない，あるいは著者の自宅かもしれない．その場所はもちろん写像 f によって変わってくる．

いまここで A, B は地図だとしたが，同じネガから焼き付けた写真だとしても同様のことがいえる．◇

さらに Brouwer の不動点定理の応用について考えよう．十分大きな次元のユークリッド空間 $\boldsymbol{R}^m$ を1つ固定して考える．2点 $x=(x_1, x_2, \cdots, x_m)$, $y=(y_1, y_2, \cdots, y_m)$ の間の距離 $d(x, y)$ は

$$d(x, y)=\sqrt{(x_1-y_1)^2+(x_2-y_2)^2+\cdots+(x_m-y_m)^2}$$

によって与えられた．$\boldsymbol{R}^m$ の部分集合 A に対して，

$$d(A)=\sup\{\, d(x, y) \mid x, y \in A\,\}$$

を A の直径ということは既に§6で定義した．$\boldsymbol{R}^m$ の点 x と部分集合 A に対して，

$$d(x, A)=\inf\{\, d(x, y) \mid y \in A\,\}$$

と定義し，これを x と A との**距離**という．$x \in A$ ならば $d(x, A)=0$ である．また，A が閉集合ならばこの逆もいえる．

問 15.1 これらのことを示せ．

$\boldsymbol{R}^m$ における単体 $\sigma=\langle v_0, v_1, \cdots, v_n\rangle$ において，v_i 以外の n 個の頂点をもつ $(n-1)$-辺単体を v_i の**対辺単体**と呼ぶことにしよう．

定理 15.4 $A_0, A_1, \cdots, A_n$ を n-単体 $\sigma=\langle v_0, v_1, \cdots, v_n\rangle$ における閉集合とし，$\sigma=A_0 \cup A_1 \cup \cdots \cup A_n$ とする．このとき，すべての i $(0 \leq i \leq n)$ に対して，A_i が v_i の対辺単体と交わらないならば，$A_0 \cap A_1 \cap \cdots \cap A_n \neq \emptyset$ である．

［**証明**］ いま仮に $A_0 \cap A_1 \cap \cdots \cap A_n=\emptyset$ としてみる．そうすれば任意の $x \in \sigma$ に対して，

$$\sum_{j=0}^{n} d(x, A_j) \neq 0$$

であるから，

$$f_i(x) = \frac{d(x, A_i)}{\sum_{j=0}^{n} d(x, A_j)}$$

とおけば，$0 \leq f_i(x) \leq 1$，$\sum_{i=0}^{n} f_i(x) = 1$ であるから，$f(x) = \sum_{i=0}^{n} f_i(x) v_i$ は σ の点を定める．これより連続写像 $f: \sigma \to \sigma$ が定まる．σ を n 次元閉円板と同一視して，f に対して Brouwer の不動点定理を適用すれば，$f(x_0) = \sum_{i=0}^{n} f_i(x_0) v_i = x_0$ となる点 $x_0 \in \sigma$ がある．$\sigma = A_0 \cup A_1 \cup \cdots \cup A_n$ であるから，$x_0 \in A_j$ となる A_j がある．このとき，$f_j(x_0) = 0$ となるから，$f(x_0) = x_0$ は v_j の対辺単体の点である．しかしこれは A_j が v_j の対辺単体と交わらないという仮定に矛盾する．よって $A_0 \cap A_1 \cap \cdots \cap A_n \neq \emptyset$ でなければならない． □

X を $\boldsymbol{R}^m$ のコンパクトな部分集合とする．X における有限個の閉集合 $F_1, F_2, \cdots, F_k$ に対して，次のような正数 $\varepsilon > 0$ が存在する：

“A を X の部分集合で，$d(A) < \varepsilon$ なるものとするとき，

$$A \cap F_{i_1} \neq \emptyset, \quad A \cap F_{i_2} \neq \emptyset, \quad \cdots, \quad A \cap F_{i_h} \neq \emptyset$$
$$(1 \leq i_1, i_2, \cdots, i_h \leq k)$$

ならば，$F_{i_1} \cap F_{i_2} \cap \cdots \cap F_{i_h} \neq \emptyset$ である．”

このような ε の存在は，§9 で定義した開被覆に対する Lebesgue 数の存在より示せる．この ε を閉集合族 $\{F_1, F_2, \cdots, F_k\}$ の **Lebesgue 数**と呼ぶ．

問 15.2 上のような ε の存在を示せ．

定理 15.5 （**Lebesgue の敷石定理**） $F_1, F_2, \cdots, F_l$ を n-単体 $\sigma = \langle v_0, v_1, \cdots, v_n \rangle$ における閉集合とし，$\sigma = F_1 \cup F_2 \cup \cdots \cup F_l$，$n < l$ とする．このとき，次のような正数 $\varepsilon > 0$ が存在する：

すべての $i\ (1 \leq i \leq l)$ に対して $d(F_i) < \varepsilon$ ならば，$F_1, F_2, \cdots, F_l$ のうちのある $n+1$ 個は必ず交わる，すなわち，ある $i_0, i_1, \cdots, i_n\ (1 \leq i_j \leq l)$ に対して $F_{i_0} \cap F_{i_1} \cap \cdots \cap F_{i_n} \neq \emptyset$.

［**証明**］ 頂点 v_i の対辺単体を τ_i とし，σ における閉集合族 $\{\tau_0, \tau_1, \cdots, \tau_n\}$ の Lebesgue 数を ε とすれば，これが求めるべき ε である．以下にこのことを確かめよう．F_i を任意に 1 つ固定して考える．$\tau_0, \tau_1, \cdots, \tau_n$ がすべて F_i と交われば，Lebesgue 数の性質より，$\tau_0 \cap \tau_1 \cap \cdots \cap \tau_n \neq \emptyset$ となるが，実際は $\tau_0 \cap \tau_1 \cap \cdots \cap \tau_n = \emptyset$ であるから，$\tau_0, \tau_1, \cdots, \tau_n$ の中には F_i と交わらないものがある．$F_1, F_2, \cdots, F_l$ のうち $\tau_0, \cdots, \tau_{j-1}$ とは交わるが，τ_j とは交わらないもののすべての和集合を A_j とする．

$$A_0 \cup A_1 \cup \cdots \cup A_n = F_0 \cup F_1 \cup \cdots \cup F_l = \sigma$$

となり，また $A_j \cap \tau_j = \emptyset$ であるから定理 15.4 より，$A_0 \cap A_1 \cap \cdots \cap A_n \neq \emptyset$ である．1 点 $x_0 \in A_0 \cap A_1 \cap \cdots \cap A_n$ をとるとき，任意の j $(0 \leq j \leq n)$ に対して，$x_0 \in F_{i_j} \subset A_j$ となる F_{i_j} $(1 \leq i_j \leq l)$ がある．なぜならば A_j はいくつかの F_i の和集合であったから，その中の 1 つで x_0 を含むものを F_{i_j} とすればよい．このとき，$x_0 \in F_{i_0} \cap F_{i_1} \cap \cdots \cap F_{i_n} \neq \emptyset$ であり，$F_{i_0}, F_{i_1}, \cdots, F_{i_n}$ はすべて異なるから $n+1$ 個である． □

練習問題 15

1. 読者は微積分の講義で連続関数に対する中間値の定理を学んでいるはずである．Brouwer の不動点定理の $n=1$ の場合はこの中間値の定理を用いても証明できる．このことを示せ．

2. 円柱 $S^1 \times [0,1]$ に対して，連続写像 $f : S^1 \times [0,1] \to S^1 \times [0,1]$ で次をみたすものを構成せよ： 任意の $x \in S^1$ に対し $f(x,0) = (x,1)$，$f(x,1) = (x,0)$ でかつ f は不動点をもたない．

3. (i) トーラス T^2 に対して，不動点をもたない連続写像 $f : T^2 \to T^2$ を構成せよ．

(ii) 閉曲面 M の連結和 $M \sharp M$ に対して，不動点をもたない連続写像 $f : M \sharp M \to M \sharp M$ を構成せよ．

§ 16. もう 1 つの応用；Borsuk-Ulam の定理

本節では球面のホモロジー群のもう 1 つの応用として得られる Borsuk-Ulam（ボルスク・ウラム）の定理について考える．この定理はある条件をみたす連続写像 $f: S^m \to S^n$ の存在を否定する定理である．そしてこの定理を使って面白い応用も得られる．

球面 $S^m = \{ (x_1, x_2, \cdots, x_{m+1}) \in \boldsymbol{R}^m \mid x_1^2 + x_2^2 + \cdots + x_{m+1}^2 = 1\}$ の点 $x = (x_1, x_2, \cdots, x_{m+1})$ に対して，$-x = (-x_1, -x_2, \cdots, -x_{m+1})$ もまた S^m の点であることはこれまでに何度か述べた．そして x と $-x$ は S^m の中心に関して対称な位置にあり，これらを互いに対心点であると呼ぶことも既に述べた．連続写像 $f: S^m \to S^n$ で，任意の $x \in S^m$ に対して，$f(-x) = -f(x)$ をみたすものを**同変写像**と呼ぶ．このとき，x と $-x$ はそれぞれ $f(x)$ と $-f(x)$ に写っていくわけであるから，同変写像は S^m の対心点の対を S^n の対心点の対に写す．与えられた 2 つの球面 S^m, S^n に対し，このような同変写像は常に存在するとは限らない．次の定理において $m=2$, $n=1$ の場合を考えてみよう．

定理 16.1 （**Borsuk-Ulam の定理**） 同変写像 $f: S^2 \to S^1$ は存在しない．

この証明にとりかかる前に補題を 1 つ準備しておこう．

補題 16.2 多面体 $X = |K|$, $X_1 = |K_1|$, $Y = |L|$ において，K_1 は K の部分複体であるとする．連続写像 $f: X \to Y$ に対し，$f_1 = f|_{X_1}: X_1 \to Y$ として，$\varphi_1: K_1 \to L$ を f_1 の単体近似とする．このとき，f の単体近似 $\varphi: Sd^r(K) \to L$ で次のようなものが存在する：

K_1 の任意の頂点 v に対して　　$\varphi(v) = \varphi_1(v)$.

［**証明**］ 証明を考える前に，K_1 の頂点は $Sd^r(K)$ の頂点でもあることに注意し

てほしい．このことより $\varphi(v)=\varphi_1(v)$ が意味をもつのである．

さて，与えられた連続写像 $f: X \to Y$ に対して，その単体近似 $\varphi: Sd^r(K) \to L$ は補題 9.6 および定理 9.7 の証明のようにして構成される．そのとき r を十分大きくとることにより，K_1 の任意の頂点 v に対して

$$f(st(v)) \subset st(\varphi_1(v))$$

となるので，$\varphi(v)=\varphi_1(v)$ とできる．なおここに，$st(v)$ は $Sd^r(K)$ における v の開星状体，$st(\varphi_1(v))$ は L における $\varphi_1(v)$ の開星状体である．　□

$a: S^2 \to S^2$ を任意の $x \in S^2$ に対して，$a(x)=-x$ により定義する．$a': S^1 \to S^1$ も同様に任意の $x \in S^1$ に対して，$a'(x)=-x$ と定義する．$f: S^2 \to S^1$ が同変写像，すなわち $f(-x)=-f(x)$ をみたすことと，$f \circ a = a' \circ f$ をみたすことは同値であることに注意しておこう．

定理 16.1 の証明のために，S^2 のいくつかの部分空間を次のように定める：

$$C^+ = \{(x_1, x_2, x_3) \in S^2 \mid x_2 \geq 0,\ x_3 = 0\},$$
$$C^- = \{(x_1, x_2, x_3) \in S^2 \mid x_2 \leq 0,\ x_3 = 0\},$$
$$D^+ = \{(x_1, x_2, x_3) \in S^2 \mid x_3 \geq 0\},$$
$$D^- = \{(x_1, x_2, x_3) \in S^2 \mid x_3 \leq 0\}.$$

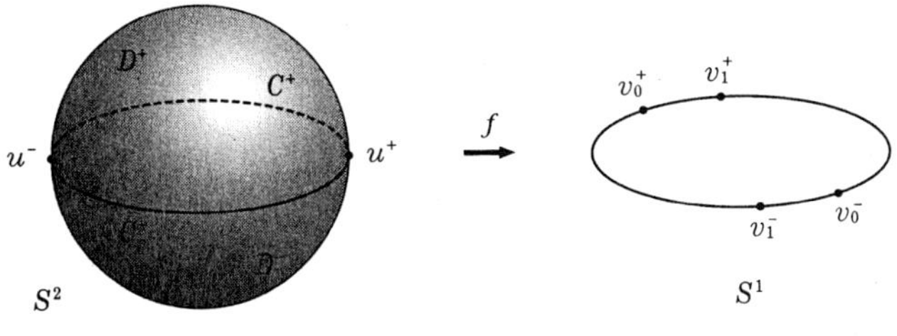

図 16.1

このとき，

$$a(C^\pm)=C^\mp, \qquad a(D^\pm)=D^\mp, \qquad C^+ \cup C^- = D^+ \cap D^-$$

である．ここで + と − の記号は複号同順である．以下においても複号はすべて同順とする．そして，

$$u^\pm = (\pm 1, 0, 0) \in S^2$$

とする.

$f \circ a = a' \circ f$ をみたす連続写像 $f : S^2 \to S^1$ が存在したとして，$v_0^{\pm} = f(u^{\pm})$ とすれば $a'(v_0^{\pm}) = v_0^{\mp}$ である．S^1 において，v_0^+ と v_0^- の間に v_1^+ と $v_1^- = a'(v_1^+)$ をとり，これらの 4 点を頂点とする S^1 の単体分割を L とする．このように以下で考える単体分割の頂点はすべて球面上にあるとする．

$\varphi_1^+ : K_1^+ \to L$ を $f|_{C^+} : C^+ \to S^1$ の単体近似とする．ここに，K_1^+ は C^+ の単体分割であり，その頂点はすべて C^+ 上にあるとする．もちろん $u^{\pm}$ は K_1^+ の頂点である．$f(u^{\pm}) = v_0^{\pm}$ であるから，$\varphi_1^+(u^{\pm}) = v_0^{\pm}$ である．K_1^+ の頂点をすべて $a : S^2 \to S^2$ で C^- に写すことによって，C^- の単体分割が得られる．それを K_1^- とする．単体写像 $\varphi_1^- : K_1^- \to L$ を

$$\varphi_1^- = \alpha' \circ \varphi_1^+ \circ \alpha : \ K_1^- \xrightarrow{\alpha} K_1^+ \xrightarrow{\varphi_1^+} L \xrightarrow{\alpha'} L$$

と定める．ここに，α や α' は頂点 w に対して，$-w$ $(= a(w)$ または $a'(w))$ を対応させる単体写像である．この φ_1^- は $f|_{C^-} : C^- \to S^1$ の単体近似である．$K_1 = K_1^+ \cup K_1^-$ とすれば，これは $C = C^+ \cup C^-$ の単体分割で，φ_1^+, φ_1^- から K_1 上に自然に定義される単体写像 $\varphi_1 : K_1 \to L$ は $f|_C : C \to S^1$ の単体近似である．

補題 16.2 によってこの φ_1 を拡張して，$f|_{D^+} : D^+ \to S^1$ の単体近似 $\varphi_2^+ : K_2^+ \to L$ が得られる．ここに，K_2^+ は D^+ の単体分割で，K_1 の頂点をすべて含むものであり，K_1 の任意の頂点 w に対して，$\varphi_2^+(w) = \varphi_1(w)$ である．K_2^+ の頂点をすべて $a : S^2 \to S^2$ で D^- に写すことによって，D^- の単体分割が得られる．それを K_2^- とする．単体写像 $\varphi_2^- : K_2^- \to L$ を

$$\varphi_2^- = \alpha' \circ \varphi_2^+ \circ \alpha : \ K_2^- \xrightarrow{\alpha} K_2^+ \xrightarrow{\varphi_2^+} L \xrightarrow{\alpha'} L$$

により定める．これは $f|_{D^-} : D^- \to S^1$ の単体近似である．$K = K_2^+ \cup K_2^-$ とすれば，これは $S^2 = D^+ \cup D^-$ の単体分割で，φ_2^+, φ_2^- から自然に定義される単体写像 $\varphi : K \to L$ は $f : S^2 \to S^1$ の単体近似である．ここで，$u^{\pm}$ は K の頂点であり，$\varphi(u^{\pm}) = v_0^{\pm}$ であることに注意しておこう．また，$\alpha \circ \alpha = \mathrm{id}$, $\alpha' \circ \alpha' = \mathrm{id}$ であることにより，$\varphi \circ \alpha = \alpha' \circ \varphi$，すなわち次の図式が可

換であることがわかる：

$$\begin{array}{ccc} K & \xrightarrow{\varphi} & L \\ {\scriptstyle \alpha}\downarrow & & \downarrow{\scriptstyle \alpha'} \\ K & \xrightarrow{\varphi} & L \end{array}$$

さらにここで，α, α' はそれぞれ $a: S^2 \to S^2$，$a': S^1 \to S^1$ の単体近似であることにも注意しておこう．

［定理 16.1 の証明］ 上記において同変写像，すなわち $f \circ a = a' \circ f$ をみたす写像 $f: S^2 \to S^1$ が存在したと仮定して，f の単体近似 $\varphi: K \to L$ で $\varphi \circ \alpha = \alpha' \circ \varphi$ をみたすものを構成した．以下においてこれらのことを使って，φ が誘導するホモロジー群の上の準同形写像が何らかの矛盾を引き起こすことを示そう．

C^+ 上で u^+ から u^- に到る K の頂点の列を

$$u^+ = w_0, w_1, \cdots, w_s = u^-$$

とし，鎖群 $C_1(K)$ における 1-鎖

$$k = \langle w_0, w_1 \rangle + \langle w_1, w_2 \rangle + \cdots + \langle w_{s-1}, w_s \rangle$$

を考える．$C_1(L)$ における 1-鎖 l を

$$l = \langle v_0^+, v_1^+ \rangle + \langle v_1^+, v_0^- \rangle$$

とし，$\varphi_{\#1}(k) - l \in C_1(L)$ を考える．ここに，$\varphi_{\#1}: C_1(K) \to C_1(L)$ は φ より誘導される鎖準同形写像である．$\partial_1: C_1(L) \to C_0(L)$ を境界準同形写像とするとき，

$$\begin{aligned} &\partial_1(\varphi_{\#1}(k) - l) \\ &\quad = \varphi_{\#0}(\partial_1(k)) - \partial_1(l) \\ &\quad = \varphi_{\#0}(\langle w_1 \rangle - \langle w_0 \rangle + \langle w_2 \rangle - \langle w_1 \rangle + \cdots + \langle w_s \rangle - \langle w_{s-1} \rangle) \\ &\qquad\quad - (\langle v_1^+ \rangle - \langle v_0^+ \rangle + \langle v_0^- \rangle - \langle v_1^+ \rangle) \\ &\quad = \varphi_{\#0}(\langle u^- \rangle - \langle u^+ \rangle) + \langle v_0^+ \rangle - \langle v_0^- \rangle \\ &\quad = 0 \qquad (\because\ \varphi(u^\pm) = v_0^\pm). \end{aligned}$$

よって，$\varphi_{\#1}(k) - l \in Z_1(L)$ である．既に示してあるように

$$H_1(S^1) = H_1(L) = Z_1(L) \cong \boldsymbol{Z}$$

である．$\alpha'_{\#1}: C_1(L) \to C_1(L)$ を α' より誘導される鎖準同形写像とするとき，

$$l + \alpha'_{\#1}(l) = \langle v_0^+, v_1^+ \rangle + \langle v_1^+, v_0^- \rangle + \langle v_0^-, v_1^- \rangle + \langle v_1^-, v_0^+ \rangle$$

は $H_1(S^1) = Z_1(L)$ の生成元である．よって適当な整数 m に対して

$$(*) \qquad \varphi_{\#1}(k) - l = m(l + \alpha'_{\#1}(l))$$

と書ける．この両辺をそれぞれ $\alpha'_{\#1}$ で写して，

$$\begin{aligned}\alpha'_{\#1}(\text{左辺}) &= \alpha'_{\#1}(\varphi_{\#1}(k)) - \alpha'_{\#1}(l)\\ &= \varphi_{\#1}(\alpha_{\#1}(k)) - \alpha'_{\#1}(l) \qquad (\because \alpha' \circ \varphi = \varphi \circ \alpha),\\ \alpha'_{\#1}(\text{右辺}) &= m(\alpha'_{\#1}(l) + \alpha'_{\#1}(\alpha'_{\#1}(l)))\\ &= m(\alpha'_{\#1}(l) + l) \qquad (\because \alpha' \circ \alpha' = \mathrm{id})\end{aligned}$$

となる．これより

$$(**) \qquad \varphi_{\#1}(\alpha_{\#1}(k)) - \alpha'_{\#1}(l) = m(\alpha'_{\#1}(l) + l)$$

を得る．$(*)$ と $(**)$ を辺々足し算して

$$\varphi_{\#1}(k + \alpha_{\#1}(k)) = (2m+1)(l + \alpha'_{\#1}(l))$$

を得る．$k + \alpha_{\#1}(k) \in Z_1(K)$，$l + \alpha'_{\#1}(l) \in Z_1(L)$ であるから，上式をホモロジー群のレベルで考えると，

$$f_{*1} = \varphi_{*1} : H_1(S^2) \to H_1(S^1)$$

に関して次を得る：

$$f_{*1}([k + \alpha_{\#1}(k)]) = [\varphi_{\#1}(k + \alpha_{\#1}(k))] = (2m+1)[l + \alpha'_{\#1}(l)].$$

$H_1(S^2) = 0$ であるから，この式の各辺は 0 である．とくに $(2m+1)[l + \alpha'_{\#1}(l)] = 0$ となるけれども，このことは $[l + \alpha'_{\#1}(l)] \in H_1(S^1) \cong \boldsymbol{Z}$ が生成元であることに矛盾する．

以上によって同変写像 $f : S^2 \to S^1$ は存在してはいけないことがわかる． □

定理 16.1 より次の定理が得られる．

定理 16.3 どんな連続写像 $f : S^2 \to \boldsymbol{R}^2$ に対しても，$f(x) = f(-x)$ となる点 $x \in S^2$ が存在する．

［証明］ いま仮にすべての $x \in S^2$ に対して，$f(x) \neq f(-x)$ とすると，$\boldsymbol{R}^2$ の点 $g(x)$ が

$$g(x) = \frac{f(x) - f(-x)}{\|f(x) - f(-x)\|}$$

により定義される．このとき $\|g(x)\| = 1$ であるから，$g(x)$ は S^1 の点である．よって連続写像 $g : S^2 \to S^1$ が得られる．$g(x)$ の定義より，$g(-x) = -g(x)$ とな

ることが容易にわかるが，そのような連続写像は存在しないというのが定理 16.1 であった．したがって $f(x) = f(-x)$ となる点 $x \in S^2$ が存在しなければならない． □

ここでは定理 16.1 より定理 16.3 を導いたが，逆に定理 16.3 から定理 16.1 を導くこともできる．このことは節末の練習問題とする．これにより定理 16.1 と定理 16.3 は同値であるから，定理 16.3 も Borsuk-Ulam の定理と呼ばれる．

例 16.1 Borsuk-Ulam の定理の面白い応用例をあげよう．S^2 を地球の表面と同一視する．地球上の各地点 $x \in S^2$ に対して，$t(x) \in \boldsymbol{R}$ を同一時刻に測定した x における気温とする．同様に $p(x) \in \boldsymbol{R}$ を気圧とする．連続写像 $f : S^2 \to \boldsymbol{R}^2$ が

$$f(x) = (t(x), p(x))$$

により定まる．Borsuk-Ulam の定理（定理 16.3）によれば，$f(x) = f(-x)$ となる点 $x \in S^2$ が存在する．このことは

$$t(x) = t(-x), \qquad p(x) = p(-x)$$

であることを意味している．対心点の対 x と $-x$ は，互いに地球の裏側に位置する点である．そのような 2 点で，気温と気圧がそれぞれ等しい地点が存在することを Borsuk-Ulam の定理は示しているのである． ◇

定理 16.1 では S^2 から S^1 への同変写像が存在しないことを示したが，Borsuk-Ulam の定理はもっと一般の次元に対しても成り立つ．

定理 16.4 $m > n$ ならば同変写像 $f : S^m \to S^n$ は存在しない．

すなわち同変写像 $f : S^m \to S^n$ が存在するのは，$m \leq n$ の場合に限られる．水は高いところから低いところへ流れるが，同変写像は低い次元から高い次元へ向かい，高い次元から低い次元へは決して向かわないのである．

定理 16.3 も一般の次元に対して成り立つ．

定理 16.5 $m \geq n$ ならば，どんな連続写像 $f: S^m \to \boldsymbol{R}^n$ に対しても，$f(x) = f(-x)$ となる点 $x \in S^m$ が存在する．

定理 16.1 と定理 16.3 がそうであったように，一般の m, n の場合も定理 16.4 と定理 16.5 は同値である．さらにこれらの定理は次の定理 16.6 とも同値である．連続写像 $f: S^m \to \boldsymbol{R}^n$ も任意の $x \in S^m$ に対して $f(-x) = -f(x)$ をみたすとき，**同変写像**と呼ばれる．

定理 16.6 $m \geq n$ ならば，どんな同変写像 $f: S^m \to \boldsymbol{R}^n$ に対しても $f^{-1}(\mathbf{o}) \neq \emptyset$ である．ここに，$\mathbf{o}$ は $\boldsymbol{R}^n$ の原点である．

定理 16.4，定理 16.5，定理 16.6 は互いに同値であるから，いずれも Borsuk-Ulam の定理と呼ばれる．これらの 3 つの定理が互いに同値であることの証明はさほど難しくはない．ここまで無難に本書を読み進んできた読者は，少しばかりのヒントがあれば容易に証明できるであろう．節末の練習問題として安心して読者に委ねることができる．

一般の m, n に対する定理 16.4（したがって定理 16.5 や定理 16.6）の証明は巻頭の「はじめに」にあげた小林著「トポロジー」などを参照していただきたい．既に出版社との約束の頁数を超過してしまった本書においては，残念ながらその証明を与える紙数がない．

練 習 問 題 16

1. 定理 16.4 $\Longleftrightarrow$ 定理 16.5 を示せ．（この特別な場合が 定理 16.1 $\Longleftrightarrow$ 定理 16.3 である．）

2. 定理 16.4 $\Longleftrightarrow$ 定理 16.6 を示せ．

3. $m \leq n$ のとき，同変写像 $f: S^m \to S^n$ の例をいくつかあげよ．

附録： Lebesgue 数の存在証明

ここでは§9で約束した Lebesgue 数の存在を証明する．

X を $\boldsymbol{R}^m$ のコンパクトな部分空間とし，$\{O_\lambda \mid \lambda \in \Lambda\}$ を X の開被覆，すなわち各 O_λ は X の開集合で，$X = \bigcup_{\lambda\in\Lambda} O_\lambda$ とする．この開被覆 $\{O_\lambda \mid \lambda \in \Lambda\}$ に対して，次のような $\varepsilon > 0$ が存在することを示そう：

"X の部分集合 A が $d(A) < \varepsilon$ をみたせば，$A \subset O_\lambda$ となる $\lambda \in \Lambda$ がある."

［**証明**］ X の任意の部分集合 B と点 $x \in X$ に対し，$\{d(x, b) \mid b \in B\}$ の下限 $\inf\{d(x, b) \mid b \in B\}$ を $d(x, B)$ で表し，これを x と B の距離ということは既に§15で述べた．X はコンパクトであるから，有限個の $\lambda_1, \lambda_2, \cdots, \lambda_k \in \Lambda$ が存在し，

$$X = O_{\lambda_1} \cup O_{\lambda_2} \cup \cdots \cup O_{\lambda_k}$$

となる．任意の $i\ (1 \leq i \leq k)$ に対して，連続関数 $f_i : X \to \boldsymbol{R}$ を $f_i(x) = d(x, X - O_{\lambda_i})$ によって定め，$f : X \to \boldsymbol{R}$ を

$$f(x) = f_1(x) + f_2(x) + \cdots + f_k(x)$$

とする．$f_i(x) \geq 0$ であり，とくに $x \in O_{\lambda_i}$ ならば $f_i(x) > 0$ であることが O_{λ_i} が開集合であることよりわかる．任意の $x \in X$ に対し，$x \in O_{\lambda_i}$ となる O_{λ_i} があるので，$f(x) > 0$ である．X はコンパクトであるから，連続関数 $f : X \to \boldsymbol{R}$ は最小値をもつ．それを δ とすると，$\delta > 0$ である．$\varepsilon = \delta/k$ とすると，これが Lebesgue 数の性質をもつ．このことを以下に示そう．

X の部分集合 A に対して $d(A) < \varepsilon$ とすれば，任意の $a \in A$ に対して

$$A \subset \{x \in X \mid d(a, x) < \varepsilon\}$$

である．また，

$$f(a) = f_1(a) + f_2(a) + \cdots + f_k(a) \geq \delta = k\varepsilon$$

であるから，少なくとも，1つの $i\ (1 \leq i \leq k)$ に対して，$f_i(a) \geq \varepsilon$ である．よってこの i に対して

$$A \subset \{x \in X \mid d(a, x) < \varepsilon\} \subset O_{\lambda_i}$$

である．これで Lebesgue 数の存在が示された． □

問題の略解とヒント

§1

問1.1 位相の条件 (i), (iii) は容易である. (ii) は, $U_x(\varepsilon)$ の任意の点 y に対し, $U_y(\delta) \subset U_x(\varepsilon)$ となる $\delta > 0$ が存在することを使う.

問1.2 これも位相の条件 (i), (iii) は容易である. (ii) は, $(U \times V) \cap (U' \times V') = (U \cap U') \times (V \cap V')$ であることを使う.

問1.4 $\|f(x)\| = m(x) \leq 1$ であることより $f(x) \in D^n$ がわかる. f が同相写像であることを示すために, f の逆写像を具体的に構成してみよ.

練習問題1

1. A が $x \in A$ の近傍なら, $x \in O_x \subset A$ となる開集合 O_x が存在する. このとき $A = \bigcup_{x \in A} O_x$ だから, A は開集合である.

2. (i) U が X_1 の開集合ならば, $p_1^{-1}(U) = U \times X_2$ は $X_1 \times X_2$ の開集合である.

(ii) $X_1 \times X_2$ の開集合の定義より容易である.

(iii) 前問より p_i は連続だから, f が連続ならば $p_i \circ f$ も連続である. $X_1 \times X_2$ の開集合としてとくに $U_1 \times U_2$ (U_i は X_i の開集合) なるものを考えると,

$$f^{-1}(U_1 \times U_2) = (p_1 \circ f)^{-1}(U_1) \cap (p_2 \circ f)^{-1}(U_2)$$

である. $p_i \circ f$ が連続ならば, $(p_i \circ f)^{-1}(U_i)$ は開集合, したがって $f^{-1}(U_1 \times U_2)$ も開集合である. $X_1 \times X_2$ の一般の開集合 W は上のような $U_1 \times U_2$ の和集合であるから, $p_i \circ f$ が連続ならば $f^{-1}(W) = \bigcup f^{-1}(U_1 \times U_2)$ は開集合, したがって f は連続であることがわかる.

3. (i) $\mathcal{U} = \{ U_\gamma \mid \gamma \in \Gamma \}$ を $A_1 \cup A_2$ の開被覆とすると, これは A_1 の開被覆でもあるから, $\mathcal{U}$ の中の有限個の開集合だけで A_1 は覆われる. A_2 に対しても同様である. したがって $A_1 \cup A_2$ が $\mathcal{U}$ の中の有限個の開集合で覆われる.

(ii) 補題1.3より A_1, A_2 は閉集合であるから, $A_1 \cap A_2$ も閉集合である. よって補題1.2より $A_1 \cap A_2$ もコンパクトである.

(iii) 区間 $[0,1] = \{ t \in \boldsymbol{R} \mid 0 \leq t \leq 1 \}$ と1次元球面 $S^1 = \{ (x, y) \in \boldsymbol{R}^2 \mid x^2$

$+y^2=1\}$ を考え，写像 $f:[0,1]\to S^1$ を任意の $t\in[0,1]$ に対して，$f(t)=(\cos 2t\pi,\sin 2t\pi)$ と定める．$[0,1]$ には $\boldsymbol{R}$ の相対位相ではなくて，$\{f^{-1}(O)\mid O$ は S^1 の開集合$\}$ を開集合系とする位相を与える．このとき 2 点 0 と 1 は開集合で分離できないので，$[0,1]$ はハウスドルフではない．$A_1=(0,1]$，$A_2=[0,1)$ とすると，これらはコンパクトである．しかし $A_1\cap A_2=(0,1)$ はコンパクトではない．なぜならば $\{(1/n,1-1/n)\mid n=3,4,\cdots\}$ は $A_1\cap A_2=(0,1)$ の開被覆であるが，有限個の $(1/n,1-1/n)$ では $(0,1)$ を覆うことはできない．

§ 2

問 2.2 S^1 の点を $(\cos\theta,\sin\theta)$，$P^1=S^1/\sim$ の点を $[(\cos\theta,\sin\theta)]$ と表すとき，写像 $f:S^1\to P^1$ を $f(\cos\theta,\sin\theta)=[(\cos\theta/2,\sin\theta/2)]$ と定めれば，これは同相写像である．

問 2.3 $f:I^2/\sim\ \to S^1\times I$ を $[(s,t)]\in I^2/\sim$ に対して，

$$f([(s,t)])=((\cos 2s\pi,\sin 2s\pi),t)$$

と定めると，これは同相写像である．

問 2.4 $f:I^2/\sim\ \to S^1\times S^1$ を $[(s,t)]\in I^2/\sim$ に対して，

$$f([(s,t)])=((\cos 2s\pi,\sin 2s\pi),(\cos 2t\pi,\sin 2t\pi))$$

と定めると，これは同相写像である．

問 2.5 O を $Y/\sim_2$ の開集合とするとき，$\tilde{f}^{-1}(O)$ が $X/\sim_1$ の開集合であることを示せばよい．$\pi_1:X\to X/\sim_1$ および $\pi_2:Y\to Y/\sim_2$ を自然な全射とする．商空間の位相の定義より，$\pi_2^{-1}(O)$ は Y の開集合である．$f:X\to Y$ は連続であるから，$f^{-1}(\pi_2^{-1}(O))$ は X の開集合である．$f^{-1}(\pi_2^{-1}(O))=\pi_1^{-1}(\tilde{f}^{-1}(O))$ であるから，再び商空間の位相の定義より $\tilde{f}^{-1}(O)$ は $X/\sim_1$ の開集合である．

練習問題 2

2． 任意の $[x]\in X/\sim$ に対し $g([x])=f(x)$ と定めることができる．O を Y の開集合とするとき，$\pi^{-1}(g^{-1}(O))=f^{-1}(O)$ は X の開集合であるから，$g^{-1}(O)$ は $X/\sim$ の開集合，したがって g は連続である．

3． $\tilde{f}:X/\sim\ \to Y$ は前問と同様に考えて連続である．さらに単射であるから，定理 1.1 によって埋め込みである．

4. 例 2.9 と同様に考えよ.

5. (i)

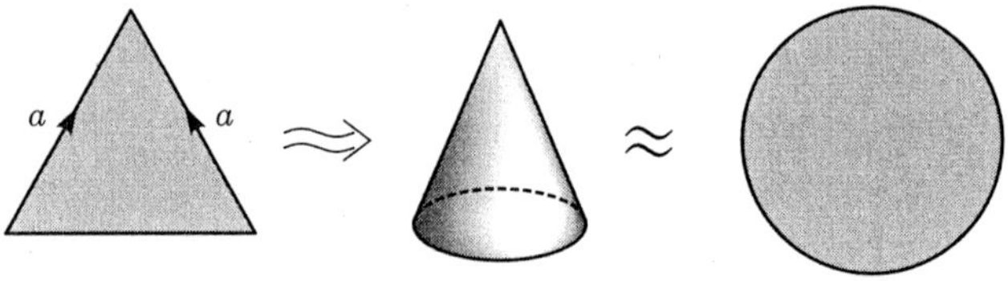

(ii)

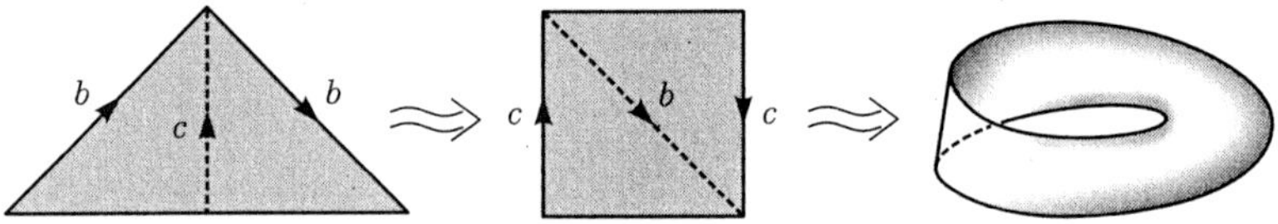

c に沿って切り離し, b を貼り合わせる.

6.

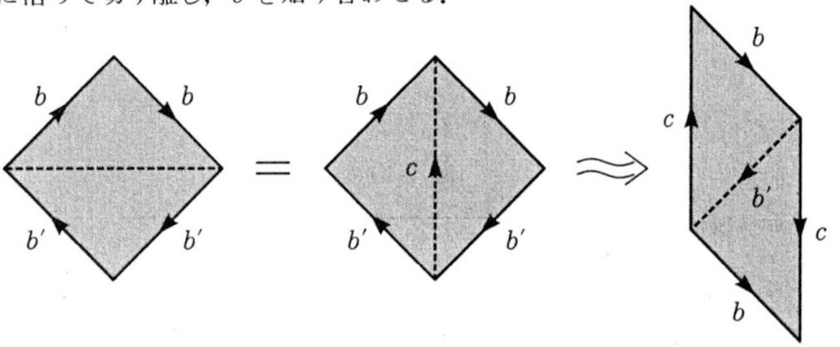

左端の図は前問より, 2 つのメビウスの帯の境界を貼り合わせた閉曲面の展開図である. これを c に沿って切り離し, b' を貼り合わせ右端の図を得る. これは KB の展開図である.

§ 3

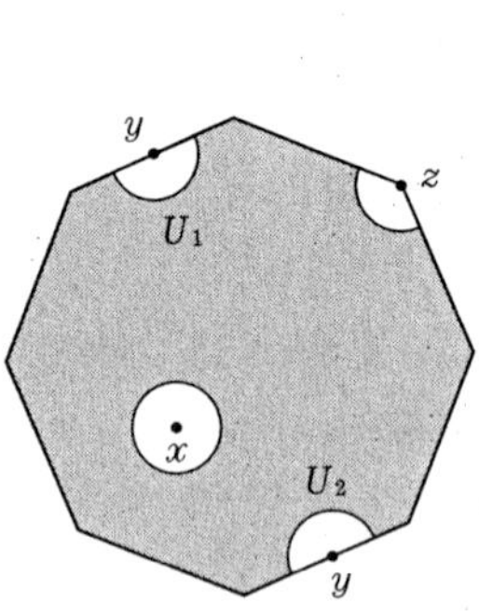

問 3.1 閉曲面の点 x が右図のように展開図の内部にあるときは明らかであろう. 頂点でない辺上にある点 y に対しては, 図のように U_1, U_2 をとり, $U_1 \cup U_2$ を y の近傍にできる. 頂点 z に対しては各自考えてみよ.

練習問題 3

1. 任意の点 $x \in \partial M$ に対して，x の M における近傍 U で $\boldsymbol{R}^n_+$ の開集合と同相なものがある．このとき，$U \cap \partial M$ は ∂M における x の近傍で，$\boldsymbol{R}^{n-1}$ の開集合と同相である．

2. （i） 任意の点 $(x, y) \in M \times N$ をとる．M において x の近傍 U で $\boldsymbol{R}^m$ の開集合と同相なものがある．同様に N において y の近傍 V で $\boldsymbol{R}^n$ の開集合と同相なものがある．このとき，$U \times V$ は $M \times N$ において (x, y) の近傍で，$\boldsymbol{R}^{m+n}$ $(=\boldsymbol{R}^m \times \boldsymbol{R}^n)$ の開集合と同相である．

（ii） 前記の（i）の証明において，$\boldsymbol{R}^m, \boldsymbol{R}^n$ を $\boldsymbol{R}^m_+, \boldsymbol{R}^n_+$ で置き換えて考えればよい．$\boldsymbol{R}^m_+ \times \boldsymbol{R}^n_+$ は $\boldsymbol{R}^{m+n}_+$ に同相である．

3. 右図は 2 つの $S^1 \times I$ を φ によって貼り合わせようとしている図である．この図と図 2.4 とを比較して考えてみよ．

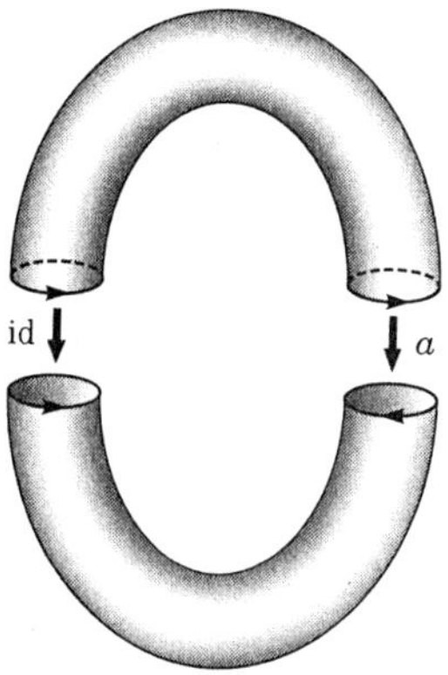

§ 4

問 4.3 $P(j)$ の展開図 $a_1a_1a_2a_2 \cdots a_ja_j$ において，右図の白抜きの部分はメビウスの帯である．また濃墨の部分も練習問題 2 の **5** でみたようにメビウスの帯である．

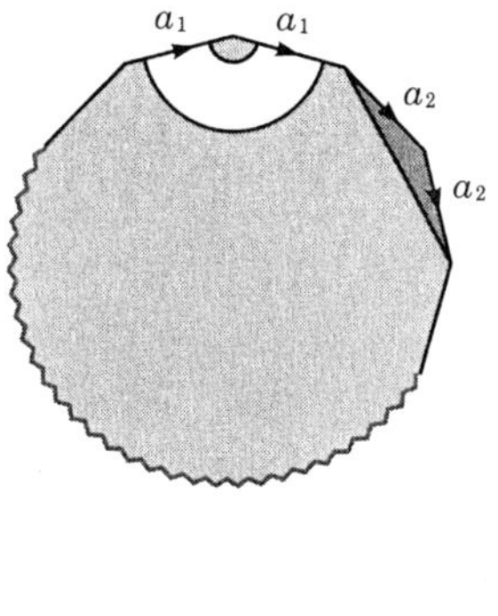

練習問題 4

1. ステップ 1 からステップ 4 の変形において，ステップ 1 を除けば展開図の辺の個数は不変であることに注意せよ．

2. （i）S^2，（ii）$T(2)$，（iii）$P(4)$，（iv）$P(3)$

3. 練習問題 2 の **5** や問 4.3 を参照せよ．

§ 5

練習問題 5

1. $\sum_{i=0}^{n}\lambda_i = 0$ ならば $\sum_{i=0}^{n}\lambda_i v_i = \sum_{i=1}^{n}\lambda_i(v_i - v_0)$ であること，逆に $\sum_{i=1}^{n}\mu_i(v_i - v_0) = \mathbf{o}$ ならば $-(\sum_{i=1}^{n}\mu_i)v_0 + \sum_{i=1}^{n}\mu_i v_i = \mathbf{o}$ で各 v_i の係数の総和は 0 であることを使え．

2.
$$\tau = \langle v_{i_0}, v_{i_1}, \cdots, v_{i_k}\rangle \qquad (0 \leq i_0, i_1, \cdots, i_k \leq n)$$
とすると，$x \in \tau$ より
$$x = \sum_{h=0}^{k}\mu_h v_{i_h} \qquad \left(\sum_{h=0}^{k}\mu_h = 1,\ \ \mu_h \geq 0\right)$$
と表される．一方，$x = \sum_{i=0}^{n}\lambda_i v_i$ であり，この表し方は一意的であるから，$j \neq i_0, i_1, \cdots, i_k$ ならば $\lambda_j = 0$ でなければならない．

3. (i) 前問 2 を使え． (ii) $\mathring{\sigma} = \sigma - \dot{\sigma}$ であるから (ii) は (i) の対偶である．

§ 6

練習問題 6

1. 任意の単体 $\rho \in Sd(\sigma) \cap Sd(\tau)$ をとる．$\rho \in Sd(\sigma)$ であることより
$$\rho = \langle b(\mu_0), b(\mu_1), \cdots, b(\mu_k)\rangle, \qquad \mu_0 < \mu_1 < \cdots < \mu_k \leq \sigma$$
と表される．また $\rho \in Sd(\tau)$ であることより，
$$\rho = \langle b(\mu_0'), b(\mu_1'), \cdots, b(\mu_k')\rangle, \qquad \mu_0' < \mu_1' < \cdots < \mu_k' \leq \tau$$
とも表される．このとき
$$\{\, b(\mu_i) \mid 0 \leq i \leq k\,\} = \{\, b(\mu_i') \mid 0 \leq i \leq k\,\}$$
であることがわかり，さらに $\mu_i = \mu_i'$ となる．このことより $\mu_i = \mu_i'$ は $\sigma \cap \tau$ の辺単体である．したがって $\rho \in Sd(\sigma \cap \tau)$，よって $Sd(\sigma \cap \tau) \supset Sd(\sigma) \cap Sd(\tau)$ である．逆向きの包含関係は容易である．

2. $(n+1)!$ 個

3. τ の任意の点 x は
$$x = \sum_{i=0}^{n}\mu_i b(\sigma_i) \qquad \left(\sum_{i=0}^{n}\mu_i = 1,\ \ \mu_i \geq 0\right)$$
と表され，各 $b(\sigma_i)$ は $b(\sigma_i) = \dfrac{1}{i+1}\sum_{j=0}^{i} v_j$ と表される．よって

$$x = \sum_{j=0}^{n}\left(\sum_{i=j}^{n}\frac{\mu_i}{i+1}\right)v_j.$$

4. $b(\sigma_j) = \frac{1}{j+1}\sum_{i=0}^{j} v_i = \frac{j}{j+1}\left(\frac{1}{j}\sum_{i=0}^{j-1} v_i\right) + \frac{1}{j+1}v_j = \frac{j}{j+1}b(\sigma_{j-1}) + \frac{1}{j+1}v_j$

であることよりわかる．

§ 7

練習問題 7

3. $\dim V = 0$ であるから，ホモロジー群の定義より $p \neq 0$ なる p に対しては $H_p(V) = 0$ である．$p = 0$ に対しては $H_0(V) = C_0(V) \cong \boldsymbol{Z}$ である．

§ 8

練習問題 8

1. $Sd(K)$ の任意の 1-単体 $\langle b(\sigma_0), b(\sigma_1)\rangle$ をとる．$v = \pi(b(\sigma_1))$ は σ_1 の頂点である．$\tau = \langle v, b(\sigma_1)\rangle$ は $Sd(K)$ の 1-単体である．$\pi(v) = v$ であるから，$\pi(\tau) = \langle v\rangle$ は 0-単体である．

2. 練習問題 7 の **2** より，$[z] = [z']$ ならば，ある $c \in C_{p+1}(K)$ に対して $\partial_{p+1}(c) = z - z'$ である．$\partial_{p+1}(\varphi_{\sharp p+1}(c)) = \varphi_{\sharp p}(z) - \varphi_{\sharp p}(z')$ であるから，$[\varphi_{\sharp p}(z)] = [\varphi_{\sharp p}(z')]$ である．

3. まず p-単体 $\sigma \in K$ に対して，$\psi(\varphi(\sigma)) = (\psi \circ \varphi)(\sigma)$ であることを示せ．

4. $\underline{v}_1 - \underline{v}_0, \cdots, \underline{v}_j - \underline{v}_0, \bar{v}_j - \underline{v}_0, \cdots, \bar{v}_p - \underline{v}_0 \in \boldsymbol{R}^m \times \boldsymbol{R}$ が 1 次独立であることを示そう．$\lambda_1, \cdots, \lambda_j, \kappa_j, \cdots, \kappa_p \in \boldsymbol{R}$ に対して，

$$\lambda_1(\underline{v}_1 - \underline{v}_0) + \cdots + \lambda_j(\underline{v}_j - \underline{v}_0) + \kappa_j(\bar{v}_j - \underline{v}_0) + \cdots + \kappa_p(\bar{v}_p - \underline{v}_0) = \mathbf{o}$$

とすると，$\boldsymbol{R}^m$ および $\boldsymbol{R}$ においてそれぞれ

$$\lambda_1(v_1 - v_0) + \cdots + \lambda_{j-1}(v_{j-1} - v_0) + (\lambda_j + \kappa_j)(v_j - v_0) + \kappa_{j+1}(v_{j+1} - v_0) + \cdots + \kappa_p(v_p - v_0) = \mathbf{o}, \qquad \kappa_j + \cdots + \kappa_p = 0$$

が得られる．これらのことと，$v_1 - v_0, \cdots, v_p - v_0$ は 1 次独立であることより，$\lambda_1, \cdots, \lambda_j, \kappa_j, \cdots, \kappa_p$ はすべて 0 であることがわかる．

§ 9

問 9.2 f の連続性より，任意の $x \in X$ に対して

$$d(x, x') < \delta(x) \implies d(f(x), f(x')) < \frac{\varepsilon}{2}$$

となる正数 $\delta(x) > 0$ が存在する．$U_x = \{ a \in X \mid d(x, a) < \delta(x)/2 \}$ とすれば，$\{ U_x \mid x \in X \}$ は X の開被覆である．X がコンパクトであることより，有限個の点 $x_1, x_2, \cdots, x_k \in X$ が存在して，$X = U_{x_1} \cup U_{x_2} \cup \cdots \cup U_{x_k}$ となるようにできる．このとき，$\delta = \dfrac{1}{2}\min\{ \delta(x_1), \delta(x_2), \cdots, \delta(x_k) \}$ とすれば，この δ が (**) をみたす．

練習問題 9

1. (i) 任意の $x \in |K|$ に対し，補題 5.1 より $x \in \mathring{\sigma}$ となる単体 $\sigma \in K$ がただ 1 つ存在する．このとき，σ が v を頂点にもてば $x \in st(v)$，σ が v を頂点にもたなければ $x \in |K| - st(v)$．

(ii) 任意の 2 点 $x, y \in st(v)$ をとる．x と v は同じ単体に属するので $d(x, v) \leq \mathrm{mesh}(K)$．同様に $d(y, v) \leq \mathrm{mesh}(K)$．よって $d(x, y) \leq d(x, v) + d(y, v) \leq 2\,\mathrm{mesh}(K)$．

2. j と $\mathrm{id}_{X \times [0,1]}$ の間のホモトピー $F : (X \times [0,1]) \times [0,1] \to X \times [0,1]$ は，任意の $((x, s), t) \in (X \times [0,1]) \times [0,1]$ に対して，$F((x, s), t) = (x, st)$ と定めればよい．

3. c と id_{D^n} の間のホモトピー $F : D^n \times [0,1] \to D^n$ は，任意の $(x, t) \in D^n \times [0,1]$ に対して，$F(x, t) = tx$ と定めればよい．

4. 定理 9.7 の証明をよく読んでみると，Y の単体分割は任意に 1 つ指定することができる．X の単体分割としては，任意に 1 つ指定された K の重心細分をとることができる．それで $\varphi : Sd^r(K) \to L$，$\psi : Sd^s(K) \to L$ をそれぞれ f, g の単体近似とする．$r < s$ のとき，

$$\pi^{s-r} :\ Sd^s(K) \to Sd^{s-1}(K) \to \cdots \to Sd^r(K)$$

を例 9.2 で考えた恒等写像 $\mathrm{id} : X \to X$ の単体近似 π の $s - r$ 個の合成写像とすれば，

$$\varphi \circ \pi^{s-r} :\ Sd^s(K) \to L$$

は f の単体近似である．

§ 10

問 10.1　$T(i)$ および $P(j)$ の展開図を考え，これから $\mathring{D}^2$ を切り取って穴をあけ，その穴をどんどん大きくしていけばよい．図 12.4 および図 12.5 を参照せよ．

問 10.2　複体 K は有限個の単体の集合であり，各単体は連結である．さらに 2 つの単体 σ_1, σ_2 に対して，$\sigma_1 \cup \sigma_2$ が連結であることと $\sigma_1 \cap \sigma_2 \neq \emptyset$ であることは同値であることに注意せよ．

練習問題 10

1.　X, Y, Z を位相空間とする．反射律：$X \simeq X$ と対称律：$X \simeq Y \Rightarrow Y \simeq X$ は容易である．推移律を示すために $X \simeq Y$，$Y \simeq Z$ とすると，連続写像 $f: X \to Y$，$f': Y \to X$，$g: Y \to Z$，$g': Z \to Y$ で，$f \circ f' \simeq \mathrm{id}_Y$，$f' \circ f \simeq \mathrm{id}_X$，$g \circ g' \simeq \mathrm{id}_Z$，$g' \circ g \simeq \mathrm{id}_Y$ となるものがある．このとき，

$$(g \circ f) \circ (f' \circ g') \simeq g \circ \mathrm{id}_Y \circ g' \simeq \mathrm{id}_Z,$$
$$(f' \circ g') \circ (g \circ f) \simeq f' \circ \mathrm{id}_Y \circ f \simeq \mathrm{id}_X$$

であるから，$X \simeq Z$ である．

2.　$\{x_0\}$ を 1 点 x_0 よりなる位相空間とする．Y は可縮であるから，連続写像 $j: Y \to \{x_0\}$，$i: \{x_0\} \to Y$ があって，$j \circ i \simeq \mathrm{id}$，$i \circ j \simeq \mathrm{id}$ となる．定値写像 $c: X \to Y$ を $c(X) = i(x_0)$ によって定めるとき，$f \simeq i \circ j \circ f = c$ である．

3.　MB は S^1 とホモトピー型が等しいことをまず示せ．そうすれば定理 10.4 と例 10.1 より MB のホモロジー群がわかる．

§ 11

問 11.1　$G \cong \boldsymbol{Z} \oplus \cdots \oplus \boldsymbol{Z} \oplus \boldsymbol{Z}_{n_1} \oplus \cdots \oplus \boldsymbol{Z}_{n_l}$ において，直和因子 $\boldsymbol{Z}$ は s 個あるとする．$\mathrm{rank}\, G = r$ として $s = r$ を示せばよい．$g_1, \cdots, g_r \in G$ が 1 次独立であるとし，各 g_i を上の直和分解によって，

$$g_i = (a_{i1}, \cdots, a_{is}, [b_{i1}], \cdots, [b_{il}]) \qquad (a_{ij} \in \boldsymbol{Z},\ [b_{ih}] \in \boldsymbol{Z}_{n_h})$$

と表す．$n = n_1 n_2 \cdots n_l$ とするとき，

$$ng_i = (na_{i1}, \cdots, na_{is}, 0, \cdots, 0)$$

であり，$ng_1, \cdots, ng_r$ も 1 次独立であるから，行列

$$\begin{pmatrix} a_{11} & a_{12} & \cdots & a_{1s} \\ a_{21} & a_{22} & \cdots & a_{2s} \\ \vdots & \vdots & & \vdots \\ a_{r1} & a_{r2} & \cdots & a_{rs} \end{pmatrix}$$

の(有理数体上の)階数(rank)は r であることがわかる．よって $r \leq s$ でなければならない．一方，G の s 個の元

$$h_1 = (1, 0, 0, \cdots, 0), \quad h_2 = (0, 1, 0, \cdots, 0), \quad \cdots, \quad h_s = (0, \cdots, 0, 1, 0, \cdots, 0)$$

は1次独立であるから，$s \leq r$ である．

問 11.2 $\chi(S^1) = 0$, $\chi(X) = 1$.

練習問題 11

1. χ(円柱) $= 0$, $\chi(MB) = 0$, $\chi(S^{2n}) = 2$, $\chi(S^{2n+1}) = 0$.

2. $\rho_p(K_1 \cup K_2) = \rho_p(K_1) + \rho_p(K_2) - \rho_p(K_1 \cap K_2)$ であることよりわかる．

§ 12

練習問題 12

1. $S^2 - \mathring{D}^2$ は可縮であるから，$H_1(S^2 - \mathring{D}^2) = 0$ である．したがって当然 $\iota_{*1} = 0$ である．

2. $n \in \boldsymbol{Z}$ は $(n, 0) \in \boldsymbol{Z}^2$ に写っていく．

§ 13

練習問題 13

1. $H_0(S^2) \cong \boldsymbol{Z}$, $H_2(S^2) \cong \boldsymbol{Z}$ であることは自分で考えてみよ．ここでは $H_1(S^2) = Z_1(K(\dot{\sigma}))/B_1(K(\dot{\sigma})) = 0$ であることの計算の概略を与える．$\sigma = \langle v_0, v_1, v_2, v_3 \rangle$ とする．任意の $z \in Z_1(K(\dot{\sigma}))$ をとり，

$$z = m_1\langle v_0, v_1 \rangle + m_2\langle v_0, v_2 \rangle + m_3\langle v_0, v_3 \rangle + m_4\langle v_1, v_2 \rangle + m_5\langle v_1, v_3 \rangle + m_6\langle v_2, v_3 \rangle$$

とする．$\partial_1(z) = 0$ であることより，

$$m_3 = -m_1 - m_2, \quad m_5 = m_1 - m_4, \quad m_6 = m_2 + m_4$$

であることがわかる．2-鎖 $c \in C_2(K(\dot{\sigma}))$ を

$$c = m_1\langle v_0, v_1, v_2\rangle - m_3\langle v_0, v_2, v_3\rangle - m_5\langle v_1, v_2, v_3\rangle$$

とすると，$\partial_2(c) = z$ となる．これより $Z_1(K(\dot{\sigma})) = B_1(K(\dot{\sigma}))$，したがって $H_1(S^2) = 0$ である．

2. $\dim(X_1 \cap X_2) + 2 \leq p$ ならば $H_p(X_1 \cap X_2) = 0$, $H_{p-1}(X_1 \cap X_2) = 0$ だから，Mayer-Vietoris 完全系列より，完全系列

$$0 \longrightarrow H_p(X_1) \oplus H_p(X_2) \longrightarrow H_p(X) \longrightarrow 0$$

が得られる．これより，$H_p(X_1) \oplus H_p(X_2) \cong H_p(X)$ である．

3. 1点を共有する2つの S^2 よりなる多面体を X とし，それぞれ1つずつの S^2 を X_1, X_2 とすると，$X = X_1 \cup X_2$ で $X_1 \cap X_2$ は1点である．前問より $H_2(X) \cong H_2(X_1) \oplus H_2(X_2) \cong \boldsymbol{Z} \oplus \boldsymbol{Z}$. X は連結であるから，定理 10.6 より $H_0(X) \cong Z$．$(X ; X_1, X_2)$ に関する Mayer-Vietoris 完全系列より，完全系列

$$\begin{array}{ccccccc} H_1(X_1) \oplus H_1(X_2) & \xrightarrow{\beta_1} & H_1(X) & \xrightarrow{\Delta_1} & H_0(X_1 \cap X_2) & \xrightarrow{\alpha_0} & H_0(X_1) \oplus H_0(X_2) \\ \| & & & & \wr\| & & \wr\| \\ 0 & & & & \boldsymbol{Z} & & \boldsymbol{Z} \oplus \boldsymbol{Z} \end{array}$$

が得られる．定理 12.3 より α_0 は単射であるから，Δ_1 は零写像である．一方，Δ_1 は単射でもあるから $H_1(X) = 0$ でなければならない．

§ 14

問 14.1 $\varphi : \boldsymbol{Z}^j \to \boldsymbol{Z}^{j-1} \oplus \boldsymbol{Z}_2$ を任意の $(n_1, \cdots, n_{j-1}, n_j) \in \boldsymbol{Z}^j$ に対して，$\varphi(n_1, \cdots, n_{j-1}, n_j) = (n_1 - n_j, \cdots, n_{j-1} - n_j, [n_j])$ と定めると，これは全射準同形写像で，$\mathrm{Ker}\,\varphi = \mathrm{Im}\,\Gamma_2$ である．

問 14.2 射影平面 P^2 の単体分割を K とするとき，定理 14.3 より $\rho_0(K) \geq 6$, $\rho_1(K) \geq 15$, $\rho_2(K) \geq 10$ であることがわかる．§5 の図 5.9 で与えた P^2 の単体分割 K はちょうど $\rho_0(K) = 6$, $\rho_1(K) = 15$, $\rho_2(K) = 10$ となる例である．

練習問題 14

1. (i) 各 2-単体は 3 個の頂点よりなり，各頂点は少なくとも 3 つの 2-単体の頂点であるから，$3\rho_0(K) \leq 3\rho_2(K)$ である．

（ii） 閉曲面のオイラー標数は 2 以下であるから，$\rho_0(K) - \rho_1(K) + \rho_2(K) \leq 2$. これと定理 14.3（i）を使って得られる.

（iii） どの頂点からも少なくとも 3 本の辺が出ている.

§ 15

問 15.1　$d(x, A) = 0$ とすると，任意の自然数 n に対して，$d(x, x_n) < 1/n$ となる点 $x_n \in A$ がある. このとき，A の点列 $\{x_n\}$ は x に収束する. A が閉集合ならば，$x \in A$ でなければならない.

問 15.2　$F_1 \cap F_2 \cap \cdots \cap F_k \neq \emptyset$ ならば ε は任意でよい. $F_1, F_2, \cdots, F_k$ の中の何個かの閉集合 $F_{j_1}, F_{j_2}, \cdots, F_{j_t}$ に対して，$F_{j_1} \cap F_{j_2} \cap \cdots \cap F_{j_t} = \emptyset$ ならば，各 F_{j_s} の X における補集合 $F_{j_s}^c$ の族 $\mathcal{U} = \{F_{j_1}^c, F_{j_2}^c, \cdots, F_{j_t}^c\}$ は X の開被覆である. この開被覆の Lebesgue 数を $\varepsilon(\mathcal{U})$ とする. このようなすべての $\mathcal{U}$ に対して，$\varepsilon(\mathcal{U})$ の最小値を ε とすれば，これが求めるべき正数である.

練習問題 15

1.　$D^1 = [-1, 1]$ である. $f : D^1 \to D^1$ を連続写像とする. $f(-1) = -1$ ならば -1 が不動点である. $f(1) = 1$ ならば 1 が不動点である. $-1 < f(-1)$ かつ $f(1) < 1$ のとき，$g : D^1 \to \boldsymbol{R}$ を $g(x) = x - f(x)$ と定めると，これは連続で $g(-1) < 0$, $g(1) > 0$ であるから，中間値の定理より $g(x_0) = x_0 - f(x_0) = 0$ となる $x_0 \in D^1$ がある. この x_0 が f の不動点である.

2.　S^1 の点を $(\cos\theta, \sin\theta)$ と表すとき，$f : S^1 \times [0, 1] \to S^1 \times [0, 1]$ を，$f((\cos\theta, \sin\theta), t) = ((\cos(\theta + 2t\pi), \sin(\theta + 2t\pi)), 1 - t)$ と定めればこれは不動点をもたない.

3.　（i） $a : S^1 \to S^1$ を $a(x) = -x$ なる写像，$b : S^1 \to S^1$ を任意の写像とするとき，$T^2 = S^1 \times S^1$ に対し $f : S^1 \times S^1 \to S^1 \times S^1$ を $f = a \times b$，すなわち $f(x, y) = (a(x), b(y))$ と定めれば，これは不動点をもたない.

（ii） $M \# M$ を次頁の図のように，$M \# M = (M - \mathring{D}^2) \cup S^1 \times [0, 1] \cup (M - \mathring{D}^2)$ と考えることができる. $f : M \# M \to M \# M$ を左右の $M - \mathring{D}^2$ においては互いの点を入れ替える写像，$S^1 \times [0, 1]$ においては前問で構成した写像とすればよい.

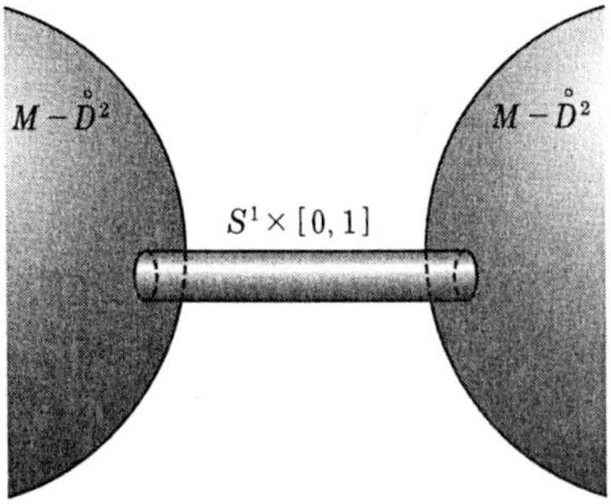

§ 16

練習問題 16

1. 定理 16.4 ⇒ 定理 16.5： $f: S^m \to \boldsymbol{R}^n$ を連続写像とし，$m \geq n$ とする．どんな $x \in S^m$ に対しても $f(x) \neq f(-x)$ とすると，$g(x) = (f(x) - f(-x))/\|f(x) - f(-x)\|$ により連続写像 $g: S^m \to S^{n-1}$ が定まる．容易にわかるようにこれは同変写像で $m > n-1$ であるから定理 16.4 に矛盾する．

定理 16.5 ⇒ 定理 16.4： $i: S^n \to \boldsymbol{R}^{n+1}$ を包含写像とする．$m > n$ のとき同変写像 $f: S^m \to S^n$ が存在したとし，連続写像 $i\circ f: S^m \to \boldsymbol{R}^{n+1}$ を考える．このとき，$m \geq n+1$ での任意の $x \in S^m$ に対し $i\circ f(x) \neq -i\circ f(x) = i\circ f(-x)$ であるから，これは定理 16.5 に矛盾する．

2. 定理 16.4 ⇒ 定理 16.6： $f: S^m \to \boldsymbol{R}^n$ を同変写像とし，$m \geq n$ とする．もし $f^{-1}(\mathbf{o}) = \emptyset$ ならば，$g(x) = f(x)/\|f(x)\|$ によって同変写像 $g: S^m \to S^{n-1}$ が得られる．$m > n-1$ であるからこれは定理 16.4 に矛盾する．

定理 16.6 ⇒ 定理 16.4： $m > n$ のとき同変写像 $f: S^m \to S^n$ が存在したとし，$i\circ f: S^m \to \boldsymbol{R}^{n+1}$ を考える．ここに $i: S^n \to \boldsymbol{R}^{n+1}$ は前問と同様に包含写像である．このとき，$m \geq n+1$ で $i\circ f$ は同変写像，さらに $(i\circ f)^{-1}(\mathbf{o}) = \emptyset$ であるから，定理 16.6 に矛盾する．

3. 写像 $f: S^m \to S^n$ を

$$(x_1, \cdots, x_{m+1}) \mapsto (\pm x_1, \cdots, \pm x_{m+1}, 0, \cdots, 0)$$

により定めると，これは同変写像である．複号 ± は各 x_i に対して任意にとってよい．さらに，$\pm x_1, \cdots, \pm x_{m+1}, 0, \cdots, 0$ の並べ方も任意でよい．

記 号 索 引

$\boldsymbol{R}^n$	n 次元ユークリッド空間	2
S^n	n 次元球面	3
D^n	n 次元閉円板	5, 24
$\mathring{D}^n$	n 次元開円板	24
I	$=[0,1]$, 0, 1 を端点とする閉区間	14
I^2	$=I\times I$	14
T^2	$=S^1\times S^1$, トーラス	4
P^n	n 次元射影空間	13
KB	クラインの壺	15
MB	メビウスの帯	14
$T(i)$	$=T^2\# T^2\#\cdots\# T^2$, i 個の T^2 の連結和	32
$P(j)$	$=P^2\# P^2\#\cdots\# P^2$, j 個の P^2 の連結和	32
$\Vert x\Vert$	ベクトル x の長さ	5
$[x]$	x を含む同値類	13
$X/\sim$	同値関係 $\sim$ による商集合あるいは商空間	13
∂X	X の境界	23
$\chi(X)$	X のオイラー標数	93
$\boldsymbol{Z}$	整数全体のなす群	59
$\boldsymbol{Z}^n$	n 個の $\boldsymbol{Z}$ の直和	99
$\boldsymbol{Z}_n$	位数 n の有限巡回群	90
$d(x,y)$	2 点 x, y の距離	3
$d(x,A)$	点 x と集合 A の距離	125
$d(A)$	集合 A の直径	52
$\mathrm{rank}\, G$	G の階数	90
$\mathrm{Ker}\, f$	準同形写像 f の核	61
$\mathrm{Im}\, f$	準同形写像 f の像	61
$\dim K$	K の次元	44
$\rho_p(K)$	複体 K の p-単体の個数	90
$p*X$	p と X の結	48
$x\sim y$	x と y は関係がある	12
$f\simeq g$	f と g はホモトピック	77
$X\simeq Y$	X と Y はホモトピー型が等しい	85
$X\approx Y$	X と Y は同相	5
$G\cong H$	G と H は同形	59
$X\amalg Y$	X と Y の直和	24
$X\cup_\varphi Y$	X と Y を φ で貼り合わせた位相空間	28
$M\# N$	M と N の連結和	24
$\mathring{\sigma}$	σ の内部	43
$\dot{\sigma}$	σ の境界	43
$b(\sigma)$	σ の重心	42
$\tau\leq\sigma$	τ は σ の辺単体	43
$\tau<\sigma$	τ は σ の真の辺単体	43
$st(v)$	v の開星状体	75
$\vert K\vert$	K を単体分割とする多面体	44
$K^{(t)}$	次元が t 以下の K の単体の全体	44
$K(\sigma)$	σ のすべての辺単体よりなる複体	44
$Sd(K)$	K の重心細分	51

$Sd^r(K)$　K の r 回重心細分　51
mesh(K)　K に属する単体の直径の最大値　52
$C_p(K)$　p 次元鎖群　59
$B_p(K)$　p 次元境界輪体群　61
$Z_p(K)$　p 次元輪体群　61
$H_p(K)$　複体 K の p 次元ホモロジー群　62
$H_p(X)$　多面体 X の p 次元ホモロジー群　82
$\partial_p: C_p(K) \to C_{p-1}(K)$
　境界準同形写像　59
$|\varphi|: |K| \to |L|$
　単体写像 φ より誘導される連続写像　74
$\varphi_{\sharp p}: C_p(K) \to C_p(L)$
　単体写像 φ より誘導される鎖準同形写像　65
$\varphi_{* p}: H_p(K) \to H_p(L)$
　単体写像 φ より誘導される準同形写像　68
$f_{* p}: H_p(X) \to H_p(Y)$
　連続写像 f より誘導される準同形写像　83
$\langle v_0, v_1, \cdots, v_p \rangle$
　$v_0, v_1, \cdots, v_p$ を頂点とする単体　41
$\langle v_0, \cdots, \check{v}_i, \cdots, v_p \rangle$
　v_i を除く　60

事 項 索 引

あ 行

位数　order　90
位相　topology　2
位相空間　topological space　2
位相多様体　topological manifold　22
　境界付き——　—— with boundary　23
　境界をもたない——　—— without boundary　23
1 次従属　linearly dependent　90
1 次独立　linearly independent　90
一般の位置　general position　41
埋め込み　embedding, imbedding　7
円柱　cylinder　14
円板　disk, disc　5
　開——　open ——　24
　閉——　closed ——　24
オイラー標数　Euler characteristic　93
オイラー・ポアンカレの公式　Euler-Poincaré formula　94
同じ向きの辺の対　pair of edges with same direction　33

か 行

開集合　open set　2
　——系　system of open sets　2
階数　rank　90
開星状体　open star　75
開被覆　open covering　4
可縮　contractible　85
完全系列　exact sequence　106
逆向きの辺の対　pair of edges with opposite direction　33
球面　sphere　3
境界　boundary　23, 43
　多様体の——　—— of manifold　23
　単体の——　—— of simplex　43
境界準同形写像　boundary homomorphism　59
境界輪体　boundary　61
　p-——　p-——　61
　——群　group of boundaries　61
距離　distance　3, 125
　2 点間の——　—— between two points　3
　点と集合間の——　—— between point and set　125
近傍　neighborhood　2
クラインの壺　Klein bottle　15
グラフ　graph　12
結　join　48
互換　transposition　56
コンパクト　compact　4

さ 行

鎖群 group of chains 59
鎖準同形写像 chain homomorphism 65
3項系列 sequence of three terms 106
次元 dimension 44
 多面体の—— —— of polyhedron 44
 複体の—— —— of complex 44
射影空間 projective space 13
射影平面 projective plane 16
重心 barycenter 42
 ——細分 barycentric subdivision 51
 ——座標 barycentric coordinate 42
巡回群 cyclic group 90, 91
 無限—— infinite —— 90
 有限—— finite —— 91
商空間 quotient space 13
商群 quotient group, factor group 62
商集合 quotient set 13
剰余群 quotient group, factor group 62
剰余類 coset 62
正 p 面体 regular polyhedron 121
積位相 product topology 4
積空間 product space 4
相対位相 relative topology 3

た 行

対心点 antipodal point 13
ダブル double 29
多面体 polyhedron 44
単体 simplex 41
 n-—— n-—— 41
 真の辺—— proper face 43
 対辺—— opposite face 125
 辺—— face 43
 k-辺—— k-face 43
 有向—— oriented —— 58
単体近似 simplicial approximation 76
単体写像 simplicial map 64
単体分割 simplicial decomposition, triangulation 44
 ——可能 triangulable 44
置換 permutation 56
 奇—— odd —— 56
 偶—— even —— 56
頂点 vertex 41
直和 disjoint union 24
直径 diameter 52
展開図 planar diagram 17
同形 isomorphic 59
 ——写像 isomorphism 59
同相 homeomorphic 5
 ——写像 homeomorphism 5
同値 equivalent 32, 34
 頂点が—— —— (for vertices) 34
 展開図が—— —— (for planar diagrams) 32
同値類 equivalence class 13
同値関係 equivalence relation 12
 生成される—— generated —— 13
同変写像 equivariant map 128, 134
トーラス torus 4

凸集合 convex set 120

な 行

内部 interior 43

は 行

ハウスドルフ Hausdorff 5
p-鎖 p-chain 59
複体 complex 43
　部分—— sub—— 44
不動点 fixed point 122
部分空間 subspace 3
ブロウエルの不動点定理 Brouwer fixed point theorem 123
閉曲面 closed surface 22
　——の分類定理 classification theorem for —— 32
閉集合 closed set 2
ホモトピー homotopy 77
　——型 —— type 85
ホモトピック homotopic 77
ホモロジー群 homology group 62, 82
　多面体の—— —— of polyhedoron 82
　複体の—— —— of complex 62
ホモロジー類 homology class 62
ボルスク・ウラムの定理 Borsuk-Ulam theorem 128

ま 行

マイヤー・ビエトリ完全系列 Mayer-Vietoris exact sequence 108, 111
　複体の組に関する—— —— for triad of complexes 108
　多面体の組に関する—— —— for triad of polyhedra 111
向き orientation 56
向き付け可能 orientable 38
向き付け不可能 unorientable 38
メビウスの帯 Möbius band 14

や 行

ユークリッド空間 Euclidean space 3
有限生成 finitely generated 90

ら 行

輪体 cycle 61
　p-—— p-—— 61
　——群 group of cycles 61
ルベーグ数 Lebesgue number 80, 126
　開被覆の—— —— of open covering 80
　閉集合族の—— —— of family of closed sets 126
ルベーグの敷石定理 Lebesgue plaster theorem 126
連結 connected 87
連結和 connected sum 24
連続写像 continuous map 5

著者略歴

こ みや かつ ひろ
小 宮 克 弘

1974年　大阪大学大学院理学研究科博士課程修了
現在　山口大学名誉教授　理学博士

位相幾何入門

2001年10月25日　第1版発行
2007年7月5日　第4版発行
2025年9月30日　第4版14刷発行

検印省略

定価はカバーに表示してあります．

著作者　小 宮 克 弘
発行者　吉 野 和 浩
発行所　東京都千代田区四番町8－1
電　話　03-3262-9166
株式会社　裳 華 房
印刷所
製本所　株式会社 デジタルパブリッシングサービス

一般社団法人
自然科学書協会会員

ISBN 978-4-7853-1528-3

数学シリーズ　集合と位相（増補新装版）

内田伏一 著　A５判／256頁／定価 2860円（税込）

1986年の初版刊行以来，多くの読者から高い評価を得てきた『数学シリーズ　集合と位相』が，信頼の内容はそのままに，装いを新たに登場．このたびの増補新装版では，旧版には一部しか掲載されていなかった「解答とヒント」を大幅に増補・充実させて，すべての問題に対する解答を収めた．

【主要目次】 1. 集合と写像　2. 濃度の大小と二項関係　3. 整列集合と選択公理　4. 距離空間　5. 位相空間　6. 積空間と商空間　7. 位相的性質　8. 完備距離空間　9. 写像空間

数学シリーズ　位相幾何学

加藤十吉 著　A５判／282頁／定価 4180円（税込）

図形の「連続的な性質」に着目する位相幾何学の面白さと，方法の新鮮さにふれてもらうための入門書．第１章は序論として，位相に関する事柄を整理し，二つの位相空間が同じ「型」―同相―であることを見ていく．第２章はホモロジー論で，単体的複体のホモロジー群から始め，等化複体のホモロジー群を通じて，閉曲面のホモロジー群の計算をその時点で体験できるように工夫した．第３章は基本群論で，最近の数学の動向―非可換性への挑戦―に合わせて，ファンカンペンの定理はもとより，融合積分解の考え方もとり入れ，幾何学と組合せ群論の結びつきについて触れた．

【主要目次】 1. 図形の位相幾何学　2. ホモロジー論　3. 基本群論

数学選書7　幾何概論

村上信吾 著　A５判／298頁／定価 4950円（税込）

陰に陽に現れる群の作用の役割．適切なる例・問題により，独学者の自習にも役立つように配慮している．幾何に興味をもたれる読者にはさらに進んだ幾何学への基礎を，数学の他の分野に進まれる読者には幾何についての一般的概要を得てもらえる本格的な入門書．

【主要目次】 1. 群と位相　2. 古典幾何の空間　3. 基本群と被覆空間　4. ホモロジー群　5. 多様体の幾何

曲線と曲面の微分幾何（改訂版）

小林昭七 著　A５判／216頁／定価 2860円（税込）

Gauss-Bonnetの定理のように，美しく深みのある幾何を理解してもらうために，微積分の初歩と２次，３次の行列を知っていれば容易に読み進められるように解説．

【主要目次】 1. 平面上の曲線，空間内の曲線　2. 空間内の曲面の小域的理論　3. 曲面上の幾何　4. Gauss - Bonnetの定理　5. 極小曲面

曲線と曲面（改訂版）　―微分幾何的アプローチ―

梅原雅顕・山田光太郎 共著　A５判／308頁／定価 3190円（税込）

微分積分と線形代数を学んだばかりの読者を対象に，曲線や曲面のもつ様々な性質について，曲面論から多様体論への橋渡しとして重要な「ガウス-ボンネの定理」までを無理なく理解できるように解説した．多様体の初歩を学んだ読者のために曲面論を多様体論的立場から解説した章も設けた．

【主要目次】 1. 曲線　2. 曲面　3. 多様体論的立場からの曲面論